改性二氧化铈复合材料
——制备与光催化性能

陈欢欢　等著

化学工业出版社
·北京·

内容简介

社会经济及工业化的迅速发展，在促进了人类社会物质文明进步的同时也带来了不可避免的环境污染问题，尤其是水体污染的问题日益严重。半导体光催化技术可利用太阳能高效降解水体中的有机污染物，是废水处理的有效手段。二氧化铈及其复合材料作为光催化材料已在废水降解领域受到广泛关注，并展现出足够的竞争优势。本书主要介绍二氧化铈及其复合材料的制备方法、光催化性能、降解废水的光催化原理及使用情况。通过构建具有p-n型异质结、直接Z型异质结的二氧化铈复合材料，拓宽了其光谱响应范围，促进了光生载流子的分离，有效提高其光催化降解有机污染物的活性。并结合相关的表征手段，阐述了不同复合材料结构和组成对其光催化性能的影响，揭示了结构与性能之间的关系。

本书适宜从事光催化材料以及环境、能源等相关专业的科研人员参考。

图书在版编目（CIP）数据

改性二氧化铈复合材料：制备与光催化性能 / 陈欢欢等著．—北京：化学工业出版社，2024.8
ISBN 978-7-122-45733-2

Ⅰ．①改…　Ⅱ．①陈…　Ⅲ．①氧化铈 - 光催化 - 复合材料　Ⅳ．① TB383

中国国家版本馆 CIP 数据核字（2024）第 107693 号

责任编辑：邢　涛　　文字编辑：苏红梅　师明远
责任校对：王鹏飞　　装帧设计：韩飞

出版发行：化学工业出版社
（北京市东城区青年湖南街 13 号　邮政编码 100011）
印　　装：北京七彩京通数码快印有限公司
710mm × 1000mm　1/16　印张 10　字数 250 千字
2024 年 8 月北京第 1 版第 1 次印刷

购书咨询：010-64518888　　售后服务：010-64518899
网　　址：http：//www.cip.com.cn
凡购买本书，如有缺损质量问题，本社销售中心负责调换。

定　　价：99.00 元

前言

随着社会工业化的快速发展，含有有机污染物的工业废水被大量排放到水体中，导致当地水体环境的恶化，给人类健康带来威胁。光催化技术能够把太阳能有效地转换为化学能，实现以太阳能为驱动力降解废水中的有机污染物，是解决水体污染问题的理想途径。光催化技术能在温和的条件下实现低浓度有机废水的高效降解，且降解产物一般为二氧化碳、水和无毒的有机小分子，无二次污染产生，因此，受到了国内外研究者的青睐。然而在实际应用中，半导体光催化研究领域还存在许多问题，例如，能够高效吸收可见光的半导体材料仍较稀有，单一组分的半导体光催化剂光生电子-空穴对的分离效率有待提高，量子效率不理想等。这些技术瓶颈制约了光催化技术的实际应用。因此，发掘具有高效且响应可见光的新型半导体光催化材料，以及基于现有半导体催化材料进行改性，以扩大其可见光吸收范围，实现光生电子-空穴对分离效率的提高是目前光催化领域研究的重点问题。

为推动我国光催化材料的发展，帮助高校、企业院所研发，我们撰写了《改性二氧化铈复合材料——制备与光催化性能》一书。全书分为5章。第1章介绍了二氧化铈及其复合材料的制备方法、二氧化铈复合材料的改性方法；第2章主要介绍了制备及表征二氧化铈及其复合材料的原材料、表征及光催化性能测试方法；第3章介绍了采用不同方法制备的二氧化铈光催化剂及其性能和应用；第4、5章介绍了具有不同异质结结构的二氧化铈复合材料，阐述了不同异质结的构筑理念、具体制备方法、光催化降解废水的机理及应用情况，结合各种表征手段，深入浅出地分析了不同异质结促进光生载流子分离的有效途径。

本书对复合材料光催化剂的制备及改性的阐述层次分明，对从事光催化材料以及环境、能源等相关专业的科研人员具有参考价值。编著者有近十年从事光催化材料合成、改性及光催化技术降解水体中有机污染物的研究经验，有光催化材料的结构设计和性能调控的大量实践经历，根据自身的科研经验以及参考了大量国内外相关文献，进行了本书的编写。第1、2、4、5章由陈欢欢（东北大学）编写。第3章由罗绍华（东北大学）、雷雪飞（东北大学）和陈欢欢（东北大学）编写，全书由陈欢欢统一补充修改定稿。

本书的研究工作和编写得到了河北自然科学基金（E2022501030）、中央高校基本科研业务费（2023GFZD03 和 N2223009）和东北大学秦皇岛分校河北省电介质与电解质功能材料重点实验室绩效补助经费（22567627H）的资助，在此致谢。同时对给予本书启示和参考的文献作者予以致谢。

改性复合材料光催化剂的涉及面广，又是正在蓬勃发展之中，编著者水平有限，难免挂一漏万，不妥之处，敬请专家和读者批评指正。

著者

目 录

第1章

绪论

1.1 概述

社会经济及工业化的迅速发展，促进了人类社会物质文明进步的同时也带来了不可避免的环境污染问题，尤其是水体污染的问题日益严重[1-3]。目前，传统的废水处理技术主要包括物理法[4]、化学法[5]、生物法[6]等，都存在一定的技术缺陷和弊端[7-9]，因此，发展一种清洁高效、绿色环保并且无二次污染的水体污染修复技术是当前社会背景下亟待解决的问题之一。半导体光催化技术可在温和的条件下实现低浓度有机废水的高效降解，且降解产物一般为CO_2、H_2O和无毒的有机小分子，无二次污染产生，因此，受到了国内外研究者的青睐。早在1972年，日本科学家Fujishima和Honda[10]最早将二氧化钛薄膜电极在光照条件下成功地应用于水分解实验。1976年，Carey等[11]发现所制备的TiO_2粉末在近紫外光照射下可以使多氯联苯脱氯，首次将光催化技术应用于水处理领域。之后，半导体光催化技术在环境治理领域得到了广泛推广[12-15]。科研人员不仅致力于改进传统光催化材料的制备条件和改性方法，也不断开发新型光催化材料。因此，涌现出一大批具有良好光催化活性的光催化材料，如：TiO_2[16-18]、CdS[19-21]、ZnO[22-24]、Bi_2WO_6[25-27]、$BiVO_4$[28,29]、石墨烯[30-32]，以及类石墨相$g-C_3N_4$[33，34]等。

在众多的半导体光催化材料中，CeO_2一直被认为是半导体光催化材料领域的先驱和佼佼者。它安全无毒、具有独特的电子结构、具有良好的紫外光响应能力和优异的化学稳定性，所以在光降解去除水体中有机污染物方面已有大量的研究案例。然而，在实际应用过程中，CeO_2仍存在比表面积不大、对可见光的吸收利用率低、光生电子 - 空穴对分离效率差、电荷传输性能差等缺点。所以 CeO_2 在目前的实际应用中存有一定的困难和限制。因此，针对 CeO_2 的复合一直是研究热点。为了进一步解决目前 CeO_2 催化剂存在的问题，本书采用两种途径对 CeO_2 催化剂进行改性。一是对材料自身的改性，主要是对形貌、氧空位浓度及能带结构进行调控；二是选用具有合适能带结构的半导体进行异质结的构建，通过微波辅助法及溶剂热法合成出不同形貌的 CeO_2 单体，并利用不同方法将其与其他半导体催化材料进行复合，构建一系列二元异质结 CeO_2 复合材料，通过异质结构的成功构建促进光生载流子的分离效率，有效提高其光催化降解有机污染物的活性，并对可能的光催化增强机理进行详细研究。

1.2 半导体光催化的基本原理及应用

1.2.1 光催化的基本原理

光催化是指在光照条件下，光催化剂自身不发生变化，却能够改变化学反应或初始反应速率，引起反应成分的化学改变[35]。半导体光催化剂具有不连续的能带结构且与太阳光（紫外光、可见光和近红外光）的能量分布相匹配的特点，是目前研究最广泛的光催化剂。半导体光催化剂利用太阳能产生催化作用，可以将吸附于自身表面的氧气和水分子，转化成具有极强氧化性的自由基，这些自由基可以无选择地降解环境中的有害有机物污染物，且不形成二次污染[36, 37]。因此，充分利用太阳能来解决环境危机具有重要的意义。

基于半导体材料的光催化反应是一个复杂的多相催化过程。图 1.1（a）为光催化作用机理图[38]，半导体的能带由充满电子的价带（VB）和未填充电子的导带（CB）构成。价带和导带之间的能量间隙称为禁带，其间隙的大小称为禁带宽度（E_g），能带结构如图 1.1（b）所示。在光催化反应过程中，主要经历以下过程[35, 38]：首先是光生电子 - 空穴对的产生。当能量大于或等于其禁带宽度能量的光子辐照半导体时，位于价带的电子将被激发并跃迁至导带。同时，在价带留下一个带正电荷的空穴，从而形成光生电子 - 空穴对，即光生载流子。其中，导带中的电子具有还原性，价带中的空穴具有氧化性。在该过程中，半导体本身禁带宽度的大小决定了光谱的响应范围。其次是电子 - 空穴对的分离和迁移过程。光生电子 - 空穴对形成后载流子的随机迁移过程一般有三种情况：第一，大部分还未及时迁移到半导体表面的电子和空穴在体内发生复合，即体内复合；第二，部分电子和空穴虽然已迁移到半导体表面，但在表面发生了复合，即表面复合，光生电子和空穴的复合，使能量以光或热的形式释放出去，降低了半导体催化剂的量子效率；第三，一小部分电子和空穴迁移到半导体的表面并发生有效分离。之后是光催化反应中的主要过程。该过程中有效分离的电子和空穴分别与吸附在半导体表面的电子受体发生氧化反应，与电子给体发生还原反应。通常，由于光生电子的还原性致使吸附在半导体表面的氧与之发生反应，其产物为超氧自由基（$\cdot O_2^-$）。光生空穴因具有氧化性与半导体表面吸附的水和氢氧根离子发生反应，产生羟基自由基（$\cdot OH$）。这两种自由基均具有极强的氧化性，是光催化过程中的主要活性物种[39]。在固液催化体系中，反应过程如下：

$$\text{半导体催化剂} + h\nu \longrightarrow e^-(CB) + h^+(VB) \tag{1.1}$$

$$e^-(CB) + h^+(VB) \longrightarrow h\nu \text{ 或热量} \tag{1.2}$$

$$e^-(CB) + O_2 \longrightarrow \cdot O_2^- \tag{1.3}$$

$$H_2O \rightleftharpoons H^+ + OH^- \tag{1.4}$$

$$h^+(VB) + H_2O \longrightarrow H^+ + \cdot OH \tag{1.5}$$

$$h^+(VB) + OH^- \longrightarrow \cdot OH \tag{1.6}$$

$$\cdot OH / \cdot O_2^- + \text{有机污染物} \longrightarrow \text{降解产物} \tag{1.7}$$

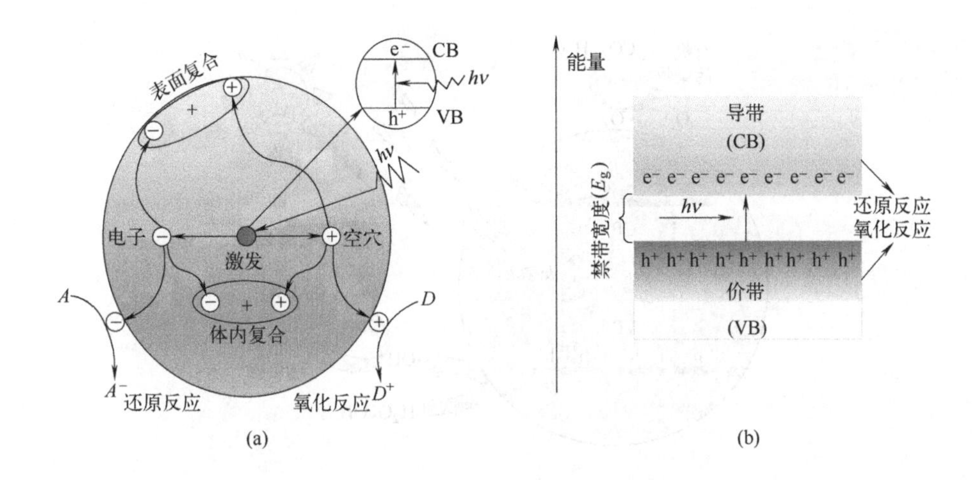

图 1.1 光催化作用机理及光催化半导体能带结构图 [38]

（a）光催化作用机理图；（b）半导体能带结构图

综上，根据半导体光催化的基本原理，制约半导体光催化剂性能的因素最主要是半导体对光的吸收范围、吸收能力以及产生光生电子 - 空穴对后是否能够将其有效分离。因此，提高半导体光催化剂活性的关键问题是拓宽其光谱响应范围，提高光生电子、空穴的传输能力和降低电子 - 空穴对的复合效率。

1.2.2 光催化对有机污染物降解的应用

近年来，对于水体环境中有毒且难降解的有机污染物的降解问题，在全球范围内受到关注。这类污染物主要包括酚类、有机染料类，以及抗生素类等。采用常规处理技术对其进行处理很难达到相关的排放标准，严重威胁着水生生物的生存环境和人类健康。光催化技术可以无选择地把水体中各种难以分解的有毒的有机污染物降解成无毒的有机小分子或矿化成二氧化碳和水，不会造成二次污染，是目前世界公认的解决污水处理问题的有效手段。其机理图如图 1.2 所示。

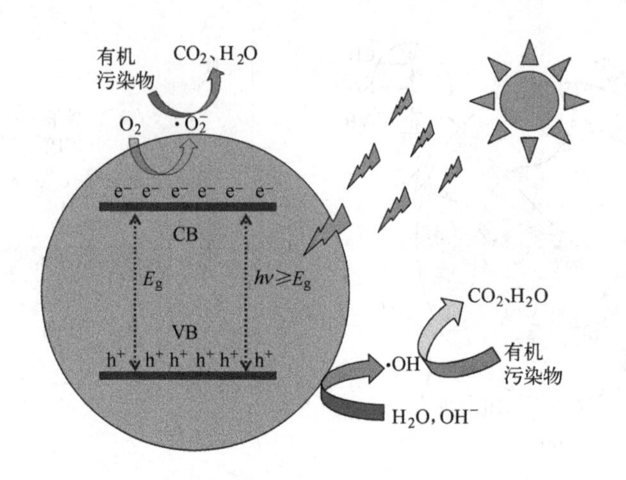

图 1.2　光催化降解有机污染物的机理示意图[35]

（1）光催化技术对废水中酚类有机物的降解

酚类化合物是由苯环上的氢原子被羟基取代而产生的芳香烃的含氧衍生物。在石油炼制、制药和有机化学品制造等许多工业的生产中，会产生大量含有酚类化合物的废水[40]。酚类化合物的特点是结构稳定，难降解且毒性大，当它们被释放到水体环境中，会严重危害水体生物的生存与繁殖[41]。目前，解决废水中酚类化合物污染问题的方法包括化学氧化法[42]、溶剂萃取法[43]和高级氧化法[44]等。与传统方法相比，半导体光催化降解技术作为一种新型高级氧化技术具有降解率高、矿化效果好、毒性低、可用性好等优点，是一种很有前途的高效去除酚类物质的方法[45-49]，如Wang 等[50]采用简单的煅烧方法制备了石墨氮化碳（$g\text{-}C_3N_4$）纳米片与二氧化钛纳米颗粒相结合的复合光催化剂。相较于 TiO_2 纳米粒子，$g\text{-}C_3N_4/TiO_2$ 纳米复合材料表现出更强的光催化降解苯酚的活性，这是由于 TiO_2 与 $g\text{-}C_3N_4$ 协同作用导致了光生电子与空穴的更好分离。以 4g 尿素前驱体制备的 $g\text{-}C_3N_4/TiO_2$ 复合材料对苯酚的降解性能最好，降解率为 99.4%。Hao 等[51]采用四氯化钛和硝酸铈为原料，通过共沉淀法合成出 $CeO_2\text{-}TiO_2$

和 CeO_2-TiO_2/SiO_2 复合材料。复合材料有效地将光谱响应从紫外光扩展到可见光范围。与 Degussa P25 和 CeO_2-TiO_2 比较，复合材料 CeO_2-TiO_2/SiO_2 对苯酚的光降解效率显著提高。CeO_2-TiO_2/SiO_2 独特的催化性能归因于两点：一是提高了催化剂电子 - 空穴对的分离效率；二是 Ce^{3+}/Ce^{4+} 的相互转换形成了大量的活性氧。Meng 等 [52] 采用酸诱导分子自组装水热法合成 WO_3/g-C_3N_4 异质结，合成路线如图 1.3（a）所示。原位酸诱导合成策略不仅保证了 g-C_3N_4 与 WO_3 之间的强相互作用，而且为 g-C_3N_4 晶格中的氧掺杂提供了机会。在降解酚类污染物对乙酰氨基酚的过程中，WO_3/g-C_3N_4 异质结表现出比本体 g-C_3N_4 更强的可见光催化活性，可见光催化降解效率及动力学曲线如图 1.3（b）和图 1.3（c）所示。这种光催化活性的增强主要归因于，WO_3 与 g-C_3N_4 之间强氢键形成的 Z 型电荷转移机制以及两组分价带结构的良好匹配。WO_3/g-C_3N_4 异质结的能带结构排列和直接 Z 型的载流子转移机制如图 1.3（d）所示。Li 等 [53] 研究了铋基半导体光催化剂（BBS）对苯酚溶液的降解机理，探讨并证明了大多数 BBS 在光催化降解苯酚的过程中，其活性氧化物种并非羟基自由基和超氧自由基，而是光生空穴。这个现象的解释可能是，与 TiO_2（1193.8ms）相比，大多数 BBS（212.3 ～ 415.7ms）上的光生载流子寿命更短。因此 BBS 和 TiO_2 光催化降解苯酚的反应途径也有所不同。

（2）光催化技术对废水中抗生素的降解

近年来，我国抗生素使用量逐年递增，环境中残留抗生素引起的污染也越来越严重。抗生素具有持久性和难降解性，若将含有抗生素的废水大量地排放到水体中，不仅会对水中的微生物群落产生危害，也会间接地给人类的身体健康带来严重的威胁 [54]。因此，寻找一种去除难降解抗生素的有效方法是当前的研究热点。目前，光催化技术作为一种先进的氧化方法，因其能产生还原性电子和氧化空穴，能有效地降解难降解有机污染物，

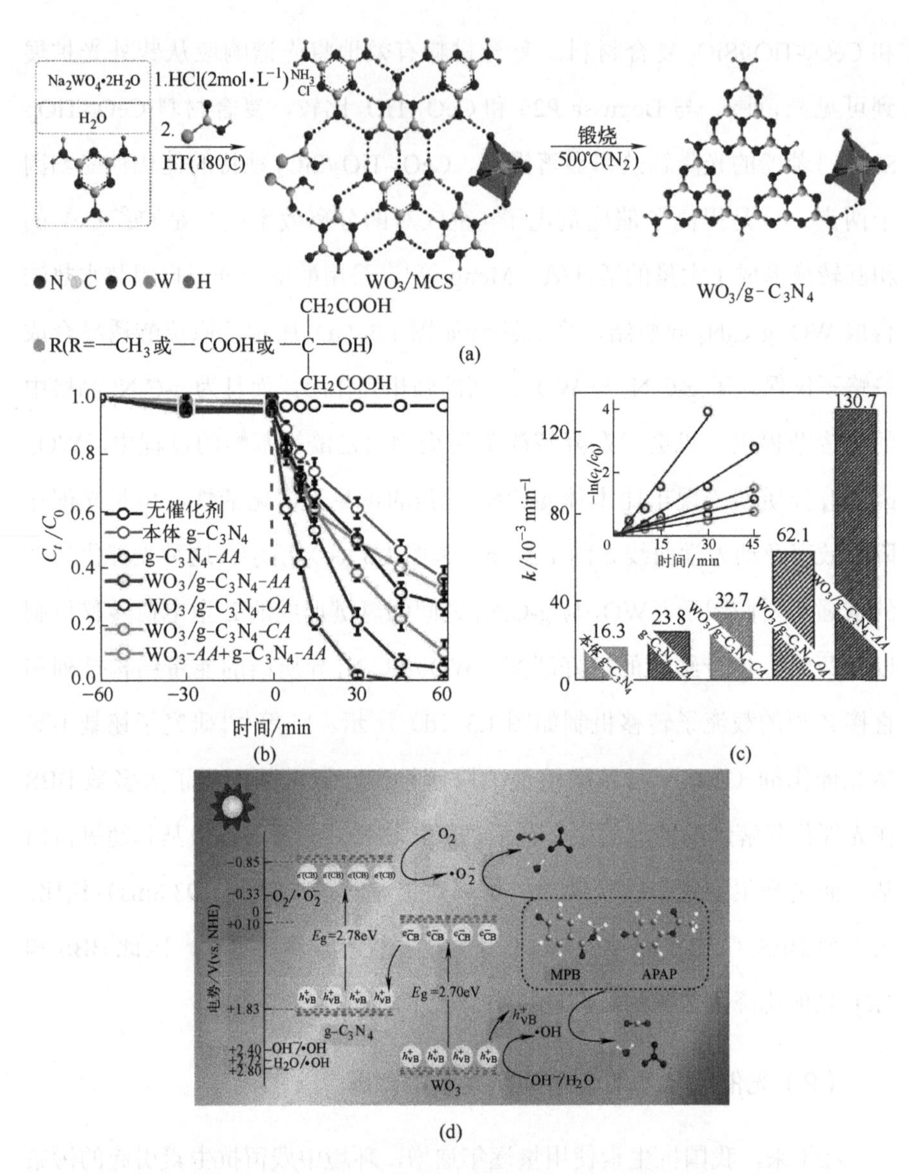

图 1.3　$WO_3/g\text{-}C_3N_4$ 异质结的合成路线和可见光光催化性能及机理示意图 [52]

（a）$WO_3/g\text{-}C_3N_4$ 异质结的合成路线；（b）降解效率；（c）动力学曲线；（d）光催化机理示意图

因而被广泛用于抗生素废水的降解 [55-58]。如 Jiang 等 [59] 通过焙烧和水热处理成功地合成了一种新型的可见光驱动三元复合材料 $BiOI/g\text{-}C_3N_4/CeO_2$ 光催化剂。与单体和二元复合材料相比，该三元复合材料对四环素（TC）

的降解具有较高的效率，降解率如图 1.4（a）所示。其中，3%（质量分数）$BiOI/g\text{-}C_3N_4/CeO_2$ 复合材料的光催化性能最佳，光照 120min 后对 TC 的降解效率能达到 91.6%，其增强的光催化活性可能是由于 $g\text{-}C_3N_4$ 与 BiOI 和 CeO_2 在三元异质结中发生了双重电荷转移过程，从而使光生电子 - 空穴对分离更加有效，复合材料 $BiOI/g\text{-}C_3N_4/CeO_2$ 的光催化机理如图 1.4（b）所示。Yu 等 [60] 采用超分子自组装方法制备了一种磷硫共掺杂的弱 N 缺陷催化剂（$P/S\text{-}g\text{-}C_3N_x$），并利用吸附 - 光催化协同作用同时去除盐酸小檗碱（BH）和 Cr（Ⅵ）。在 BH-Cr（Ⅵ）混合溶液体系的实验中，BH 的存在增强了 Cr（Ⅵ）在 $P/S\text{-}g\text{-}C_3N_x$ 样品中的表面吸附，吸附作用促进了光降解，改善了 $P/S\text{-}g\text{-}C_3N_x$ 对 BH 的降解效率，同时，Cr（Ⅵ）的还原率也有所提高。N 缺陷可以调节材料的电子能带结构，也是材料光催化性能提高的重要原因。Lei 等 [61] 成功制备了反蛋白石钾掺杂氮化碳（IO K-CN）光催化剂，并研究了 IO K-CN 在不同水基质中的光催化降解左氧氟沙星（LVX）的性能。最佳钾掺杂比例的 IO K-CN 光催化剂对左氧氟沙星（LVX）去除效果明显好于本体氮化碳和纯反蛋白石氮化碳。这是由于钾掺杂导致的禁带明显缩小和反蛋白石结构的独特性质，共同提高了光催化剂的活性。

（3）光催化技术对废水中有机染料的降解

纺织印染工业废水中含有大量有机染料，而且很多染料可以溶解到水中，若将其排放到水体环境中会造成严重的水体污染 [62]。利用光催化这一高级氧化技术可以实现染料的高效脱色和降解。近年来，该领域的很多学者致力于寻找高效率、低成本和低维护的光催化剂，以应对日益尖锐的染料废水污染问题 [63-65]。Phuruangrat[66] 等利用微波水热技术合成了 CeO_2 一维纳米线用于降解甲基橙，在紫外光下降解率可达 90% 以上。Arul 等 [67] 制备了具有较大比表面积，形貌为层状玫瑰花的 CeO_2 纳米粒子，在可见光下对偶氮染料酸性橙 7（AO7）的降解表现出好的光催化活性。然而，

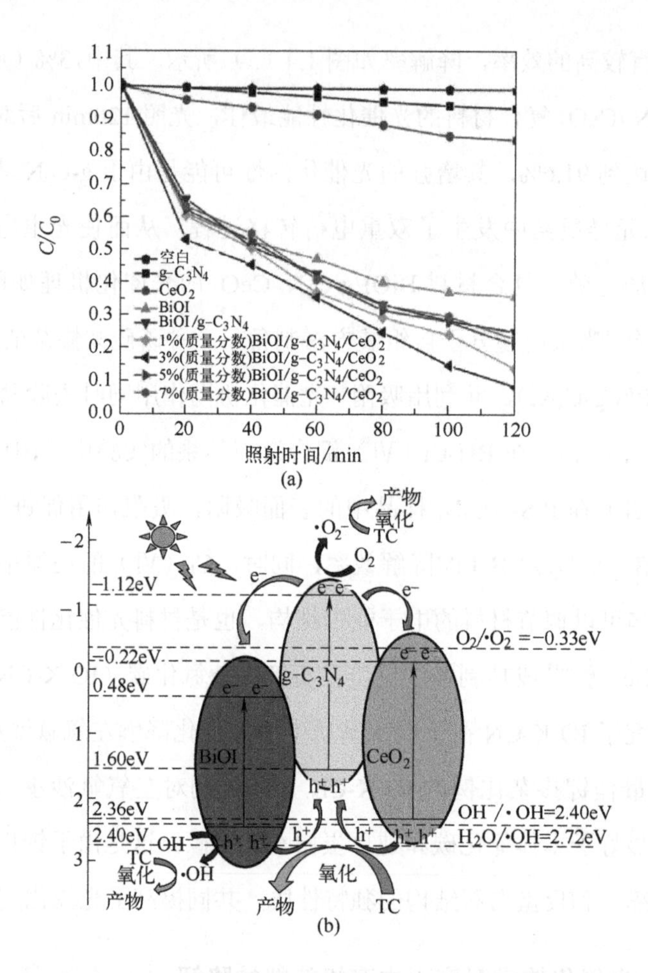

图 1.4　所制备材料的光催化活性及可见光下 $BiOI/g-C_3N_4/CeO_2$ 复合材料的光催化机理图[59]

（a）所制备材料的光催化活性；（b）$BiOI/g-C_3N_4/CeO_2$ 可见光照射下的光催化机理

单一半导体光催化剂电子 - 空穴对分离效率难以提高，光催化活性较低，距离实际应用还有很大距离。研究表明，对单一半导体进行元素掺杂[68, 69]以及构建异质结[70-72]等途径是有效提高催化剂性能的重要方法。Li 等[73]采用两步水热法制备了一种新型的 3D-2D-3D BiOI/ 多孔 $g-C_3N_4$/ 石墨烯水凝胶（BPG）复合光催化剂，BPG 合成工艺如图 1.5（a）所示。通过构建 3D-2D-3D BPG 复合材料，将石墨烯水凝胶（GH）优异的吸附能力与 $BiOI/g-C_3N_4$ 异质结的光催化活性结合起来，表现出优异的吸附性能和体电

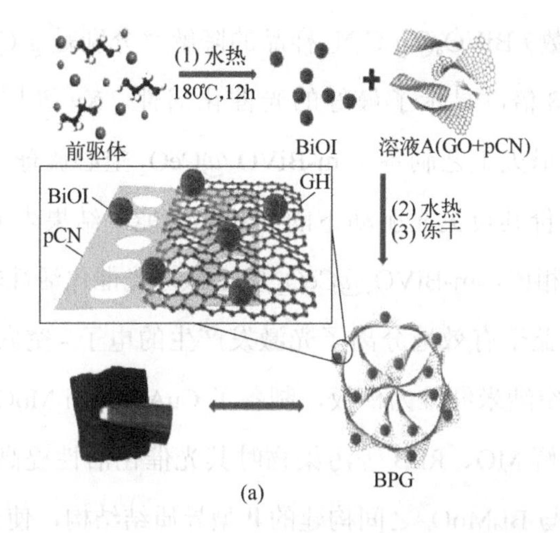

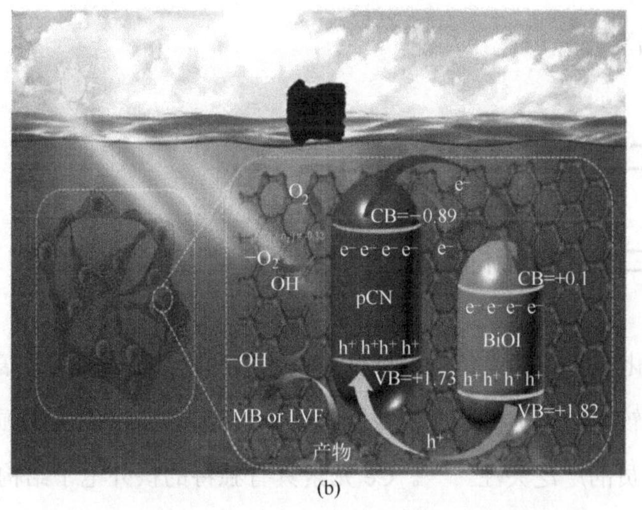

图 1.5 BPG 合成工艺及其复合材料吸附与光催化降解协同作用机理 [73]

（a）BPG 合成工艺图；（b）BPG 复合材料吸附与光催化降解协同作用机理

子转移能力。在静态体系中，复合材料对亚甲基蓝（MB）的降解效率是纯 BiOI 的 7.2 倍，在流动系统中约为 BiOI 的 1.54 倍。BPG 复合材料吸附与光催化降解协同作用的机理如图 1.5（b）所示。Zhong 等 [74] 用简单的水热法制备了可见光响应增强的 $BiVO_4$@g-C_3N_4(100）异质结复合材料，在模拟可见光照射下，研究了样品降解 RhB 的光催化活性。结果发现，

10%（质量分数）$BiVO_4$@g-C_3N_4样品的降解率分别是g-C_3N_4和$BiVO_4$的2.36倍和30.58倍，显示了最好的光催化活性。Xu等[75]采用简便的低温共沉淀法和退火工艺制备了m-$BiVO_4$@CeO_2空心微球。通过降解RhB染料分子来评价其可见光驱动下的光催化性能，结果表明，与获得的纯m-$BiVO_4$微球相比，m-$BiVO_4$@CeO_2空心微球光催化活性较好。其增强的光催化活性得益于有效地分离了光激发产生的电子-空穴对。张健[76]采用$CuAl_2O_4$中空纳米纤维为模板，制备了$CuAl_2O_4$/Bi_2MoO_6异质结，相较于单组分在降解MO、RhB等污染物时其光催化活性提高了10倍。这可能是$CuAl_2O_4$与Bi_2MoO_6之间构建的Ⅱ型异质结结构，使光生载流子得到了有效分离。

1.3 二氧化铈光催化材料

1.3.1 二氧化铈结构

二氧化铈（CeO_2）作为一种稀土氧化物，因其资源储存丰富、价格低廉、具有较高的化学稳定性、独特的晶体结构、优异的光学性质等特点受到研究人员的广泛关注[77-80]。Ce元素具有独特的核外电子结构$4f^15d^16s^2$，通过4f轨道电子能否得失可以形成Ce^{3+}和Ce^{4+}两种价态，这两种价态的存在能够显著提高CeO_2的电子转移能力。CeO_2具有立方萤石结构，其原胞原子呈面心立方分布，属于*Fm*-3*m*空间群，晶格常数$a=b=c=5.411$Å①，$\alpha=\beta=\gamma=90°$。图1.6显示了CeO_2的晶体结构[81]，在面心立方结构中，铈离子位于晶胞的面心及各个顶点处，铈元素的配位数为8，氧元素的配位数为4，该结构使晶胞内存在着许多八面体间隙空洞，使得氧离子具有很好的迁移特性。CeO_2具有优异的储氧和释氧能力[82，83]，在缺氧的

① 1Å=10^{-10}m。

反应条件下，CeO_2 通过移除部分的氧原子提供氧来促进反应的进行，大量的氧空位将在晶体结构产生，为保持晶体中电荷平衡，Ce^{4+} 将转化为 Ce^{3+}，CeO_2 转化为亚氧化物 CeO_{2-x}（x=0 ～ 0.5），但 CeO_{2-x} 仍能保持萤石结构。当氧气含量充足时，又能通过氧空位来存储氧，亚氧化物重新恢复成 CeO_2[84]。氧空位的出现对 CeO_2 的物理和化学性能有着显著的影响。

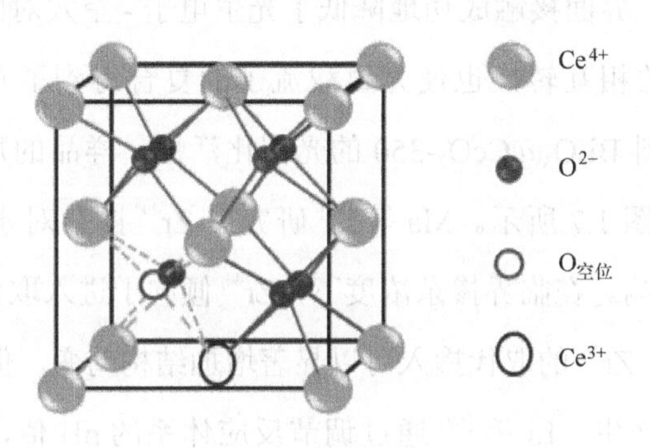

图 1.6 二氧化铈立方萤石结构示意图 [81]

1.3.2 二氧化铈基材料的制备方法

光催化剂的催化性能受纳米材料形貌的影响很大，形貌调控能改善入射光的吸收，提高界面处光生电子 - 空穴对的分离效率，同时还能促进电荷迁移。所以，催化剂形貌的可控合成是提高其光催化性能的有效途径。而半导体材料的制备方法与反应过程对其结构形貌会有较大的影响。目前，在形貌可控合成方面已经取得了很多成果，各种各样的制备方法已经被广泛研究，如水热法、沉淀法和微波辅助法等。

（1）水热法

水热法是目前使用最广泛的一种制备光催化材料的方法 [85, 86]。将反应原料溶于一定体积的水中，然后将溶液置于密闭容器（反应釜）中升至一定温度，保温一定时间，使溶液在高温高压的条件下发生反应，最终生成目标产物。Yang 等 [87] 采用水热两步法，成功地制备了表面覆有 CeO_2 纳米薄片的 Bi_2O_3 微球（$Bi_2O_3@CeO_2$）。之后，通过在不同温度下煅烧，制备了一系列中空微球（$Bi_2O_3@CeO_{2-x}$）。在可见光照射下，350℃煅烧的样品 $Bi_2O_3@CeO_2$-350，在四环素的光催化降解中表现出优越的光催化性能。研究表明，界面接触成功地降低了光生电子 - 空穴对的复合效率。同时，Ce^{3+}/Ce^{4+} 的相互转换也使光致载流子的复合得到了有效抑制，从而增强了复合材料 $Bi_2O_3@CeO_2$-350 的光催化活性。样品的形貌、光催化降解率及机理如图 1.7 所示。Ma 等 [88] 研究了 Zr^{4+} 掺杂对水热法制备纳米 CeO_2 结构的影响。在临界掺杂浓度下，Zr^{4+} 倾向于进入取代位，然后占据间隙位或表面。Zr^{4+} 的取代掺入可以显著增加结构畸变，促进了 Ce^{4+} 的减少和氧空位的产生。Li 等 [89] 通过调节反应体系的 pH 值，利用水热法合成了不同尺寸的 CeO_2 八面体，这些 CeO_2 八面体是由 5 ～ 8nm 大小的初级纳米晶自组装形成的，平均边长分别为 562nm、353nm、65nm、52nm。Zhang 等 [90] 采用水热一步法原位还原制备了形态相似但氧空位浓度不同的 CeO_2 纳米棒。以 CeO_2 纳米棒作为模型光催化剂，研究了氧空位在光催化水氧化中的关键作用。研究表明，氧空位的存在使带隙变窄，电子结构变好，从而加速电荷转移，显著提升了 CeO_2 纳米棒的光催化活性。

（2）沉淀法

沉淀法是指把沉淀剂加入金属盐溶液中，通过控制合成反应的温度、时间、溶液的 pH、溶液的浓度和溶剂的种类，来合成具有不同形貌及尺寸的目标样品或者目标样品的前驱体。沉淀法具有操作简单、成本低、反应充分的优点，因而应用十分广泛 [91]。Madkour 等 [92] 利用改性共沉淀法结合水热技术，制备了 CdS/SWCNT/CeO_2 传统Ⅱ型异质结构。与 CeO_2 对比，所获得的异质结构在自然光照下对罗丹明光降解性能显著增肖特基

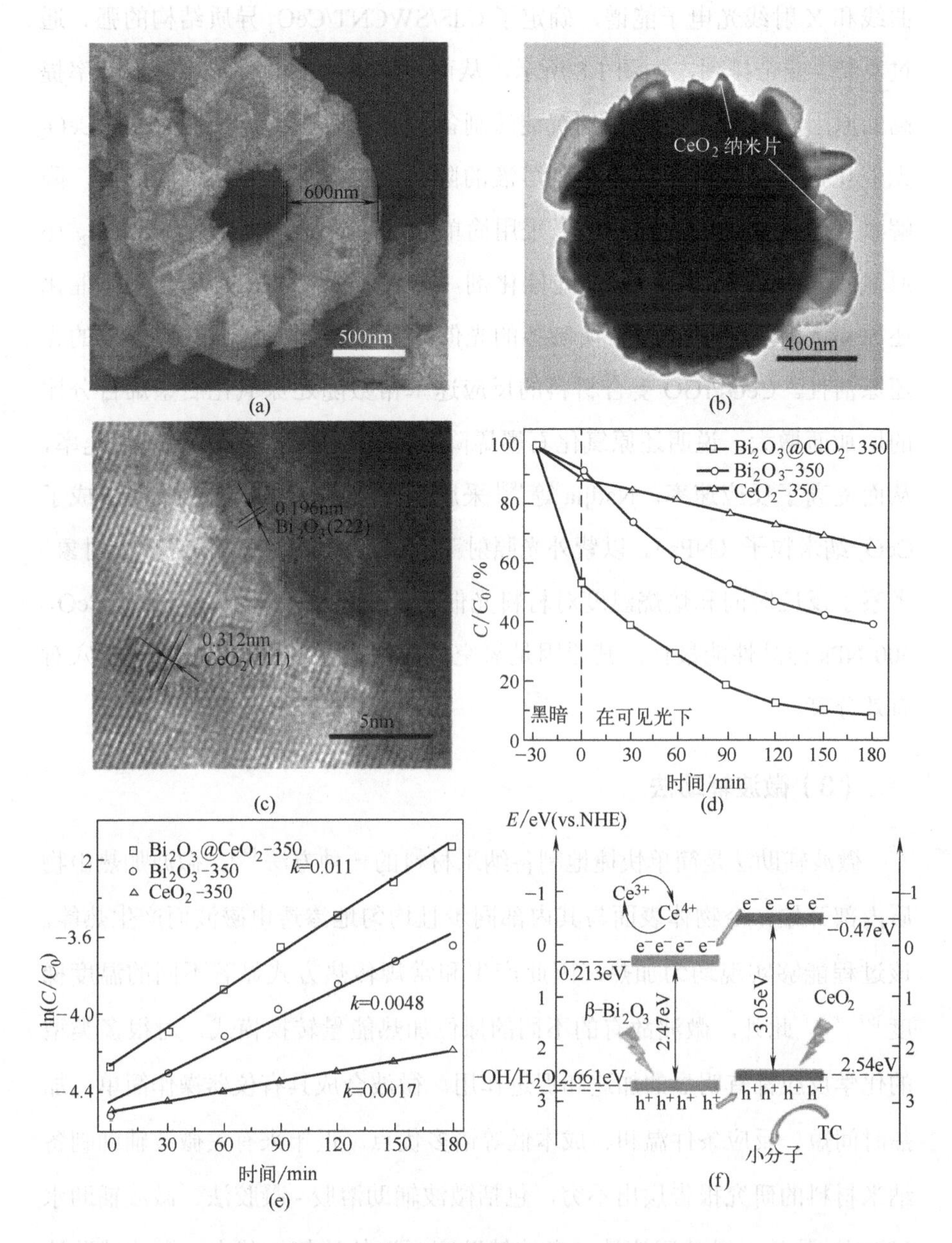

图 1.7 所制备样品的形貌和光催化降解率及 Bi_2O_3@CeO_2-350 的光催化机理图[87]

(a) Bi_2O_3@CeO_2-350 的 SEM 图;(b) Bi_2O_3@CeO_2-350 的 TEM 图;(c) Bi_2O_3@CeO_2-350 的 HRTEM 图;(d) Bi_2O_3-350、CeO_2-350 和 Bi_2O_3@CeO_2-350 的降解率图;(e) 动力学曲线图;(f) Bi_2O_3@CeO_2-350 的光催化机理图

曲线和 X 射线光电子能谱，确定了 CdS/SWCNT/CeO_2 异质结构的强。通过莫特 - 能带排列，如图 1.8 所示，从而更深层次地解释了光降解效率提高的原因。田志茗等 [93] 采用沉淀法制备了形貌规则、分散性较好的 CeO_2 光催化剂，将其用于亚甲基蓝溶液的降解，在紫外光照射 60min 后，降解率可达 87.1%。Ahmed 等 [94] 采用简单共沉淀法制备了 CeO_2 和 CeO_2/ 还原氧化石墨烯（CeO_2/rGO）光催化剂，并且研究了其在可见光下光催化还原 4- 硝基苯胺的性能。所制备的光催化剂对 4- 硝基苯胺具有显著的光还原活性。CeO_2/rGO 复合材料的反应速率常数随还原氧化石墨烯百分比的增加而增大，说明还原氧化石墨烯降低了光生电子和空穴的复合速率，从而提高了反应速率。Nadjia 等 [95] 采用均匀沉淀法在碱性介质中合成了 CeO_2 纳米粒子（NPs）。以紫外光照射下刚果红偶氮染料溶液为研究对象，考察了反应时间和焙烧温度对材料光催化性能的影响。结果显示，CeO_2-500 NPs 样品性能最佳，其原因是氧空位的存在促进了光生电子 - 空穴对有效分离。

（3）微波辅助法

微波辅助法是简单快捷地制备纳米材料的一种方法 [96]。微波加热由物质内部开始，令物体表面与其内部同步且均匀地渗透电磁波而产生热能。该过程能够实现均匀加热，因此产生和常规传热方式显著不同的温度梯度 [97，98]。此外，微波故有的不同的原位加热能量转换模式，对很多类型的化学反应都有明显的加速和促进作用。微波合成具有仪器操作简单、加热时间短、反应条件温和、成本低等诸多优点。近年来有关微波辅助制备纳米材料的研究报告层出不穷，包括微波辅助溶胶 - 凝胶法、微波辅助水（溶剂）热法、微波回流法、微波辅助离子液体法等。其中，微波辅助法是制备纳米材料最具应用前景的方法之一。Alhumaimess 等 [99] 采用微波法利用碱性离子液体 1- 丁基 -3- 甲基咪唑氢氧化物制备了纳米棒和纳米立方体形貌的二氧化铈纳米粒子，制备流程如图 1.9 所示。研究证明，在较

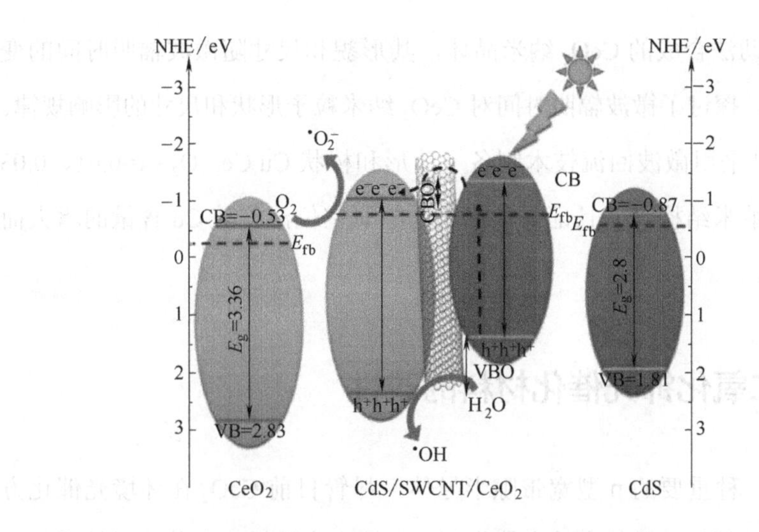

图 1.8 CdS/SWCNT/CeO_2 异质结构能带图 [92]

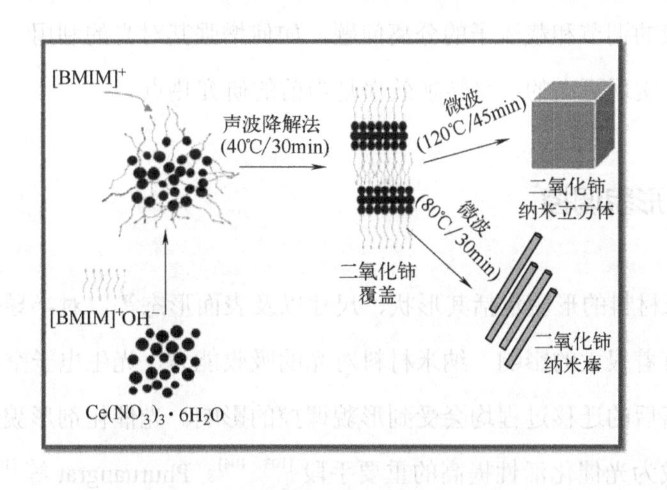

图 1.9 CeO_2 纳米结构的形状选择制备示意图 [99]

低微波温度下，二氧化铈纳米粒子形成纳米棒；在较高的微波温度下，没有形成纳米棒的细丝断裂成纳米粒子，最后转化为纳米立方块体。通过 CO 催化氧化表征了二氧化铈的催化性能，CeO_2 纳米线的催化性能优于纳米立方体。Deus 等 [100] 利用微波辅助法在硝酸铈铵水溶液中加入不同的矿化剂，合成了尺寸均匀、平均粒径在 6 ～ 11nm 的 CeO_2 纳米颗粒。Tao 等 [101] 利用微波辅助法合成的 CeO_2 纳米晶体，其形貌和尺寸随微波辐照时间的变化而变化。探讨了微波辐照时间对 CeO_2 纳米粒子形状和尺寸的影响规律。Alla 等 [102] 采用微波回流技术制备了球形和棒状 $Cu_xCe_{1-x}O_2$（x=0.01、0.03 和 0.05）纳米结构，并且证明样品表面的氧空位浓度随 Cu 含量的增大而逐渐增大。

1.4 二氧化铈光催化材料的改性

作为一种重要的 n 型宽带隙半导体，尽管目前 CeO_2 在环境光催化方面被认为是颇具前景的高效光催化剂，但较宽带隙导致了其相对较弱的光催化性能。对于一个半导体材料而言，要提高其光催化活性最重要的两方面是带隙的调节和载流子的分离问题，如何增强其对光的利用、促进载流子分离、实现更高的能量转换效率是当前的研究热点。

1.4.1 形貌调控

纳米材料的形貌包括其形状、尺寸以及表面形态等，对半导体光催化的性能有着很大的影响。纳米材料对光的吸收能力，光生电子空穴的分离以及分离后的迁移过程均会受到形貌调控的影响。光催化剂形貌的可控合成已经成为光催化活性提高的重要手段 [103，104]。Phuruangrat 等 [105] 利用微波辅助水热技术，在不同 NaOH 浓度下成功地制备出颗粒状和棒状 CeO_2 纳米粒子，NaOH 含量对 CeO_2 光催化剂形貌有重要影响，随着氢氧化钠含量的增加，纳米棒的含量明显增加，如图 1.10 所示。在 NaOH 含量为 20mL 时，所制备的样品中 CeO_2 纳米棒含量最多，与其他样品相比，其展现了最高的光催化降解效率。在紫外线照射 120min 内，对 MO 的光降解效率达到 95%。说明 CeO_2 的形貌是影响其光降解效率的重要因素。

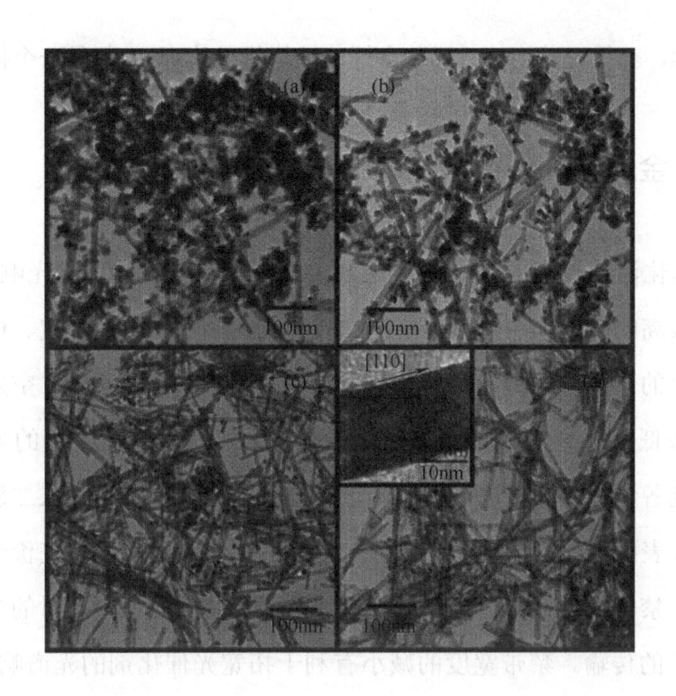

图 1.10 不同氢氧化钠加入量下制备 CeO_2 的 TEM 和 HRTEM 图[105]

Yang 等[106]采用静电纺丝技术制备了平均直径为 360nm 且表面光滑均匀的 CeO_2 纳米纤维前驱体。将前驱体在 500℃下煅烧，纳米纤维的表面变得粗糙且平均直径缩小至 95nm，当进一步升高煅烧温度至 800℃，纳米纤维不再光滑而是由小颗粒组成。由小颗粒组成的纳米纤维在紫外光照射下，光催化降解亚甲基蓝的效率是光滑纤维的 4 倍。Zhou 等[107]基于水热法和沉淀法分别合成出 CeO_2 纳米棒和 CeO_2 纳米颗粒，比较而言，在催化氧化 CO 的过程中纳米棒状 CeO_2 的活性更好。Dong 等[108]采用水热法制备了 CeO_2NRs，并通过改变氢氧离子浓度来控制其微观结构。通过对其表面性质的调整，CeO_2NRs 样品表现出良好的能带结构，使其能够有效地吸收大量光子能量，提高光催化性能。

尽管各种各样的 CeO_2 纳米晶体的微观结构已经被报道。然而，制备具有良好光催化活性的均相 CeO_2 纳米结构仍然困难重重，阻碍了其商业化应用。因此，获得尺寸均匀、形貌良好、性能优异的 CeO_2 仍是一个挑战。

1.4.2 金属元素掺杂

光催化活性较高的半导体催化剂，不仅具有较宽的可见光响应区域，还具有较高的载流子的转移效率。二氧化铈由于受到带隙较宽、电子传输性能较差的影响，使得它对可见光区域响应较差，光生电子 - 空穴对的分离效率较低，可见光下光催化活性不高。为了改善二氧化铈的光催化性能，在制备过程中往往进行金属元素的掺杂，当金属离子进入二氧化铈晶格会引入表面缺陷，从而在靠近价带顶的位置形成浅能级，使价带的宽度被拓宽，禁带宽度减小。价带的拓宽有利于光生电子 - 空穴对的分离，增强载流子的传输。禁带宽度的减小有利于拓宽光催化剂的光谱响应范围，从而提高其对光的利用效率及催化活性[38]。Qi 等[109]在不使用表面活性剂或模板的情况下，通过掺杂一系列过渡金属离子，成功地合成了不同尺寸和形状的 CeO_2 微纳米结构。过渡金属离子的掺杂可以拓宽紫外到可见光区域的吸收范围，提高氧空位浓度，其禁带宽度明显低于纯 CeO_2。光催化研究表明，具有大量氧空位的 CeO_2 在降解有机污染物罗丹明方面表现出比纯 CeO_2 更高的光催化活性。Liyanage 等[110]采用水热法制备了掺钇二氧化铈（YDC）纳米棒。氧化铈纳米棒中氧空位含量随着钇浓度的增加而增加。掺钇二氧化铈的光催化活性远远高于纯二氧化铈。这是因为在低掺杂水平下，掺钇二氧化铈不仅具有较低的带隙能，而且具有较高的氧空位含量。另外，在 100℃下，研究了不同 Y 掺杂下纳米棒降解染料的光催化活性，与常温下相比，光催化活性均得到显著提高。这是因为在高温下氧空位可移动，不会形成深陷阱。因此，所有催化剂降解染料的速度都比室温下快。Y 掺杂的二氧化铈纳米棒降解染料的光催化机理如图 1.11 所示。Singh 等[111]成功合成了含有不同稀土 La^{3+} 掺杂水平的 $La_xCe_{1-x}O_2$ 的氧化态体系（x=0.1、0.2 和 0.5）纳米粒子，10% 镧掺杂二氧化铈催化剂表现出优越的可见光催化降解亚甲基蓝性能，并具有良好的储氧能力值。

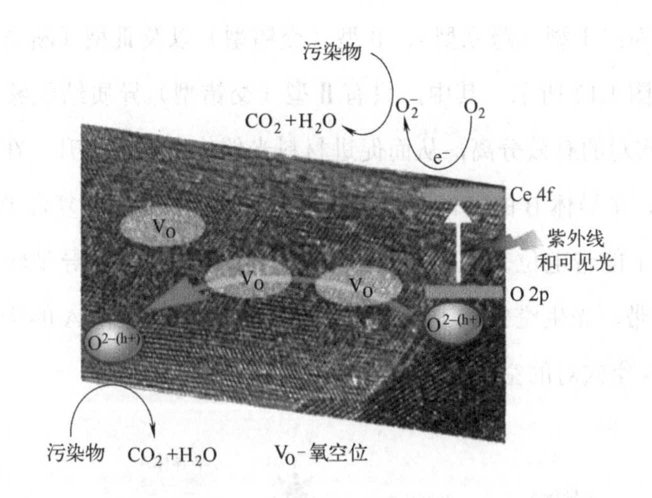

图 1.11 不同 Y 掺杂下二氧化铈纳米棒降解染料的光催化机理图 [110]

1.4.3 异质结的构建

异质结光催化剂是由具有不同能带结构的两种或多种半导体材料结合，或者同一种半导体的不同物相耦合而形成的。形成的异质结具有接触良好的界面区域，在界面处会产生一种相互作用，使得电子迁移的动力学极大地提高，从而有效地促进电荷分离以及提高电荷载体转移效率。因此，构建异质结复合结构是非常有效地提高光催化性能的方法 [112-114]。选择具有合适能带结构的半导体与 CeO_2 相结合，构筑二元或多元 CeO_2 基复合光催化材料，一方面能缩小其禁带宽度，使材料激发所需要的波长向可见光方向移动，另一方面能为载流子的传输提供分散路径，加快载流子的分离和快速转移，防止复合的发生，从而提高 CeO_2 的光催化活性 [76，115，116]。

（1）Ⅱ型异质结的构建

当两种不同的半导体通过紧密接触形成异质结时，可根据半导体的能带位置分为：Ⅰ型（跨立型）、Ⅱ型（交错型）以及Ⅲ型（断裂型）三种类型，如图 1.12 所示。其中，只有Ⅱ型（交错型）异质结能够实现光生电子 - 空穴对的有效分离，从而促进材料光催化性能的提升。在传统Ⅱ型异质结中，半导体 B 的价带和导带位置都低于半导体 A。复合半导体被激发时，由于能带电位差的存在，光生电子从半导体 A 的导带转移到半导体 B 的导带，光生空穴从半导体 B 的价带转移到半导体 A 的价带，从而实现电子 - 空穴对的空间分离。

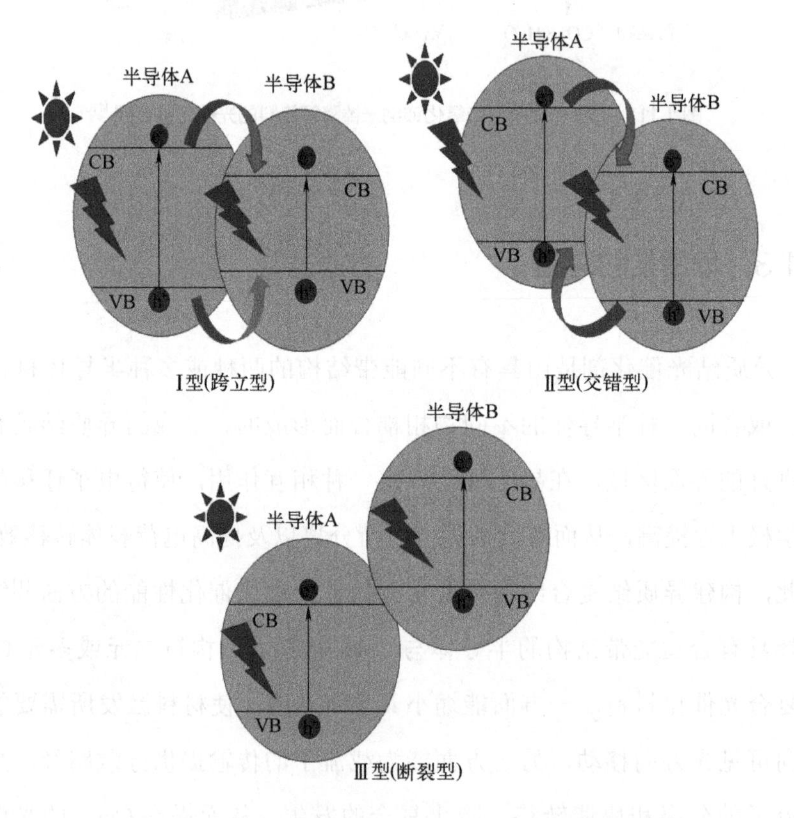

图 1.12　Ⅰ型、Ⅱ型、Ⅲ型异质结能级匹配及电荷转移示意图[76]

近年来，研究者们采用多种合成方法制备了Ⅱ型结构的 CeO_2 异质结复合材料，提高了 CeO_2 的光吸收性能以及光生载流子的分离和转移效率，进一步提升了 CeO_2 材料的光催化性能。如Ye等[117]利用水热技术在 CeO_2 纳米棒和 SnS_2 粒子之间引入超薄碳层，作为导电电子传输的“高速公路”，有效改善了三元材料体系（$CeO_2/C/SnS_2$）中的电荷分离。样品制备流程及机理如图1.13所示。与 CeO_2/SnS_2（50%）和 CeO_2（20%）相比，三元 $CeO_2/C/SnS_2$ 异质结材料体系可以大幅度提高苯酚的光催化去除率（100%，60min）。研究表明，碳层具有较高的功函数和优越的电子迁移率，可以接受并实现快速传输，加速苯酚的光催化降解。Yang等[118]报道了一种新颖的低温一步法合成的0D CeO_2 量子点/2D BiOX（X=Cl，Br）纳米片异质结。制备的异质结在5W白光LED照射下，对四环素（TC）的氧化及对六价铬Cr（Ⅵ）的还原都表现出优异的光催化能力。这主要是由于内部 Ce^{4+}/Ce^{3+} 氧化还原中心的强协同作用，以及 CeO_2 QDs与BiOX纳

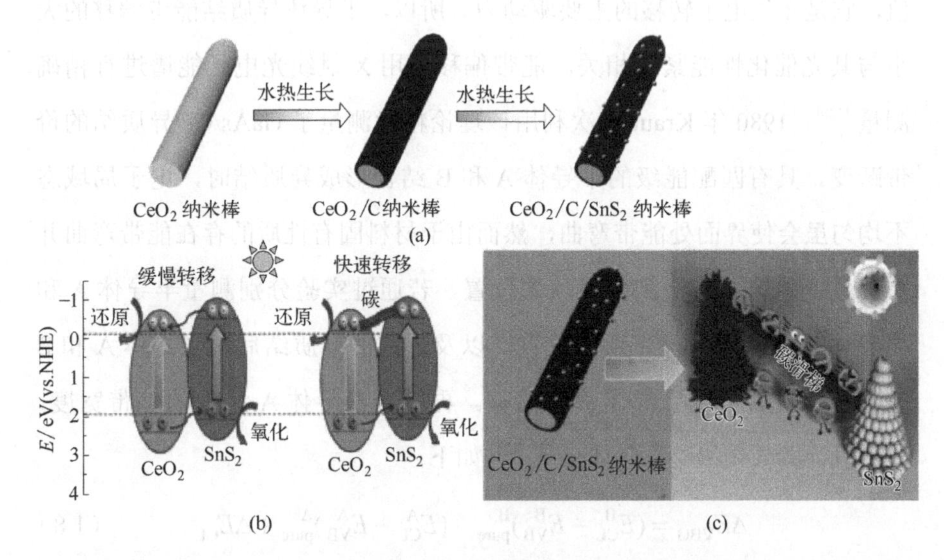

图1.13 $CeO_2/C/SnS_2$ 异质结的制备及光催化机理示意图[117]

（a）制备 $CeO_2/C/SnS_2$ 纳米棒的示意图；（b）$CeO_2/C/SnS_2$ 光催化的机理示意图；（c）电子快速转移示意图

米板之间紧密接触界面的形成，提高了光吸收和光激发载体的高效转移和分离。Saravanakumar 等[119]利用超声技术成功制备了一系列新型的可见光驱动的 n-CeO_2/n-CdO 异质结纳米复合材料。在可见光照射下，通过降解刚果红（CR）溶液，评价了制备的 CeO_2/CdO 纳米复合材料的光催化活性。CeO_2/CdO（1 ∶ 3）纳米复合材料的光催化降解效率最高，在可见光照射下 60min 内对 CR 的降解率最大可达 97%，远高于原始 CdO 和 CeO_2 的 42% 和 58%。CeO_2/CdO（1 ∶ 3）纳米复合材料光催化性能的增强，一方面是由于复合材料对可见光吸收强度的增加；另一方面是由于 n-n 型异质结的形成提高了光生电子 - 空穴对的分离效率。

在交错型的Ⅱ型结构中，能带的相对偏移量可基于能带偏移理论中价带偏移（ΔE_{VBO}）和导带偏移（ΔE_{CBO}）来具体说明，如图 1.14 所示。其中异质结的价带偏移是指界面两边价带顶的相对能量差值，它是光生空穴转移的主要驱动力；异质结的导带偏移是指界面两边导带底的相对能量差值，它是光生电子转移的主要驱动力。所以，半导体异质结能带偏移的大小与其光催化性能紧密相关。能带偏移可用 X 射线光电子能谱进行精确测量[120]。1980 年 Kraut 首次利用该理论精确测量了 GaAs/Ge 异质结的价带跃变。具有匹配能级的半导体 A 和 B 结合形成异质结时，电子局域态不均匀虽会使界面处能带弯曲，然而由于材料固有性质的存在能带弯曲并不会改变材料芯能级到价带顶的位置。若通过实验分别测量半导体 A 和半导体 B 芯能级到价带顶的位置，以及形成的异质结后两半导体 A 和 B 的芯能级，就可以计算出价带偏移。再结合半导体 A 和 B 的禁带宽度，就可以计算导带偏移。具体公式[121]如下：

$$\Delta E_{VBO} = (E_{CL}^{B} - E_{VB}^{B})_{pure}^{B} - (E_{CL}^{A} - E_{VB}^{A})_{pure}^{A} + \Delta E_{CL} \tag{1.8}$$

$$\Delta E_{CL} = (E_{CL}^{A} - E_{CL}^{B})_{heterojunction}^{B/A} \tag{1.9}$$

$$\Delta E_{CBO} = E_{g}^{A} - E_{g}^{B} - \Delta E_{VBO} \tag{1.10}$$

式中，E_{CL}、E_{VB} 和 E_g 分别对应半导体的芯能级位置、价带位置以及禁带宽度。通常认为 A 为禁带宽度较大的半导体，如果 ΔE_{VBO} 结果为正值，则说明半导体 A 的价带顶位于半导体 B 的下方，如果 ΔE_{CBO} 结果为正值，则说明半导体 A 的导带底位于半导体 B 的上方。可以利用 Kraut 等人的研究理论，通过 X 射线光电子能谱测试异质结材料的价带位置和芯能级位置，再结合光学测试中的紫外 - 可见漫反射光谱确定半导体材料的禁带宽度，由此计算出半导体异质结材料的能带偏移量。Wen 等 [70] 利用 Kraut 方法计算了 Ag_2O/CeO_2 的能带偏移并得到异质结构的能带排列情况，为所提出的 Ag_2O 与 CeO_2 之间形成了Ⅱ型异质结从而提高了光催化性能的机理提供了有力支持。Liu 等 [122] 也通过光学性能测量和 XPS 分析相结合的方法，测定了 $Cu_2O@TiO_2$ 八面体的能带排列，结果表明 $Cu_2O@TiO_2$ 八面体对载流子的分离能带偏移最大。

能带偏移理论为新型Ⅱ型异质结光催化材料的设计及光催化机理研究提供了有效途径。本书基于该理论的实验方法，设计了二元异质结光催化材料并通过该手段证明了二元异质结的形成。

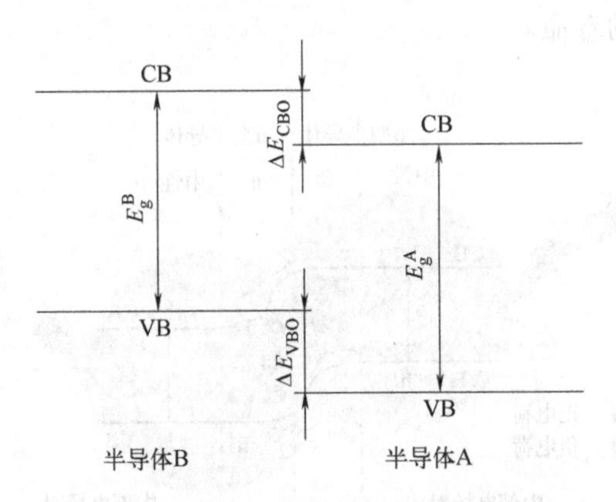

图1.14 半导体异质结能带偏移示意图

（2）p–n 型异质结的构建

传统Ⅱ型异质结虽然能使电子 - 空穴对在空间上有效分离，但仍有不足尚待优化。由于光生载流子成功分离后，空穴和电子均迁移至氧化还原电位较低的半导体上，致使光催化剂氧化还原能力降低。而且，在空穴和电子的迁移过程中，会受到另一半导体价带和导带上电荷的排斥作用，故光生载流子的分离将受到阻碍。在 p-n 型异质结中，光生电子迁移的驱动力有两种，一是能带电位差的驱动，二是内建电场的吸引作用，因此，与传统Ⅱ型异质结相比，p-n 型异质结中光生载流子的分离效率更高。图 1.15 展示了 p-n 型异质结的工作原理，研究表明，n 型半导体的费米能级靠近其导带，而 p 型半导体的费米能级靠近其价带，故在 p-n 型异质结中 n 型半导体的费米能级略高于 p 型半导体。为使费米能级达到平衡，电子会通过界面由 n 型半导体向 p 型半导体扩散。结果使 p 型半导体一侧累积了负电荷，而 n 型半导体一侧累积了正电荷，形成由 n 型半导体指向 p 型半导体的内建电场 [123]。当在足够强的光照条件下异质结产生光生电子 - 空穴对时，在内建电场的吸引和能带电位差的驱动下，电子向 n 型半导体的导带转移，空穴向 p 型半导体的价带转移。因此 p-n 型异质结不仅能实现电子 - 空穴对的有效分离，而且能加快电荷转移到催化剂表面的速度，延长了光生载流子的寿命。

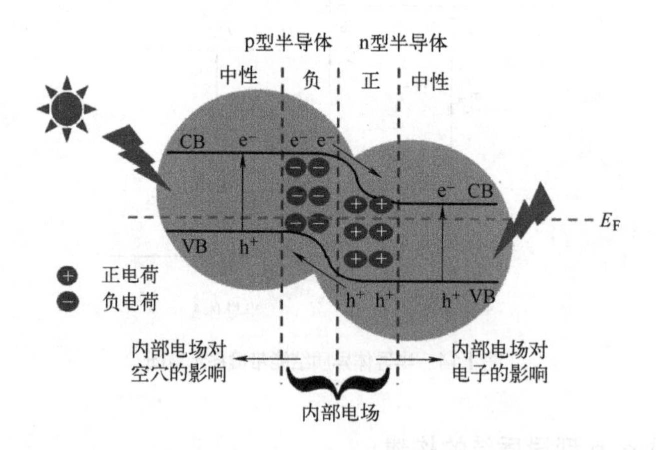

图 1.15 p-n 型异质结能级匹配及电荷转移示意图 [76]

近年来，凭借着较高的光生载流子的分离效率，p-n 型异质结的光催化剂因其优异的光催化性能引起了人们的广泛关注[124, 125]。如 Song 等[126]采用水热法以 PVP 为表面活性剂，在不同的 Ce/Bi 摩尔比下成功地制备出三维花状 CeO_2/BiOI 异质结构，提出了 CeO_2/BiOI 复合材料的光催化过程机理，其机理图如图 1.16 所示。BiOI 在与 CeO_2 接触前，其费米能级和 CB 均低于 CeO_2，当 n 型 CeO_2 与 p 型 BiOI 形成 p-n 型异质结时，BiOI 的 CB 和 VB 向上移动，CeO_2 的 CB 和 VB 向下移动。同时，n 型 CeO_2 和 p 型 BiOI 的费米能级会随着能带的移动而移动，直到 BiOI 和 CeO_2 的费米能级达到平衡为止。结果 BiOI 的 CB 和 VB 都高于 CeO_2，使 p-n 型异质结界面处产生内建电场，加速 CeO_2/BiOI 复合材料中光生电子 - 空穴对的分离速率，提高了其光催化活性。Sabzehmeidani 等[127]利用电纺丝、煅烧和水热等方法成功地合成了 n 型 CeO_2/p 型 CuS 异质结作为吸附剂 / 光催化剂，并用于可见光照射下降解水溶液中的 MB。与纯 CeO_2 带状纳米纤维相比，CeO_2/CuS 复合纳米纤维具有更强的可见光吸收和更低的电荷重组率，这是由 CeO_2 与 CuS之间的界面电荷转移效应所致。在最优条件下，

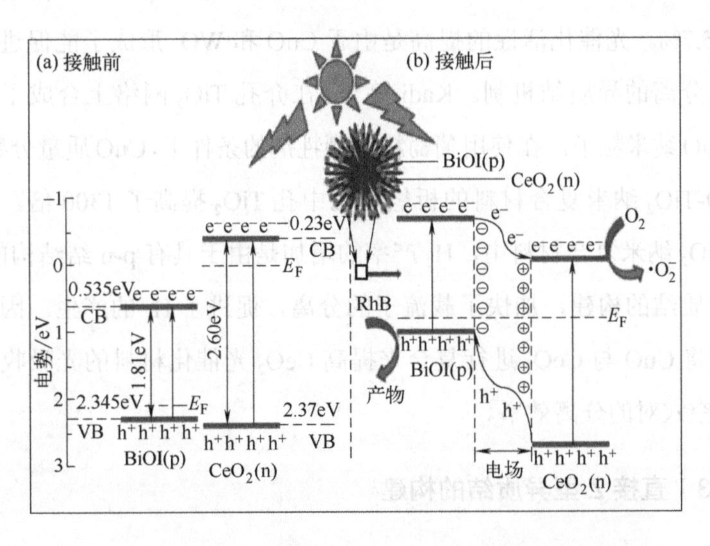

图 1.16 CeO_2/BiOI 复合材料的光催化过程机理示意图[126]

CeO_2/CuS 样品的光催化分解 MB 的降解率达 89.80%。Hu 等[128]以葡萄糖为还原剂，采用浸水还原法制备了不同 Cu_2O 浓度的 CeO_2/Cu_2O 异质结光催化剂。CeO_2/Cu_2O 异质结在可见光照射下，对 AO7 的光催化降解活性明显增强，约是纯 CeO_2 的 1.2 倍。光催化降解的增强是由于可见光吸收能力的提高和 p-n 型异质结的形成。

CuO 是一种具有良好可见光吸收能力、稳定物理化学性质的 p 型半导体材料，可与多种氧化物半导体进行复合，来提高光催化材料的光吸收能力和电子 - 空穴对的分离效率。Bharathi 等[129]合成了不同铜锌含量的 CuO/ZnO 纳米复合材料，并考察其对 MB 的光催化降解能力。与 ZnO 相比，Cu 含量为 5% 的 CuO/ZnO 纳米复合材料在 25min 内对 MB 的降解率高达 96.57%。纳米复合材料光催化性能的增强是由于 p-n 结界面的存在抑制了电子 - 空穴对复合。Dursun 等[130]分别采用电纺丝法和水热法合成了 WO_3 纳米纤维和 CuO 粒子。用简单的分散滴降技术将 WO_3 纳米纤维与不同数量的 CuO 粒子结合。在可见光照射下，研究了两种纳米纤维的吸附能力和光催化活性。结果表明，与纯 WO_3 纳米纤维相比，CuO 质量分数为 0.75% 的杂化样品吸附亚甲基蓝染料的速度提高了 38.4%，降解速度加快了 25.7%。光催化活性的提高是由于 CuO 和 WO_3 形成了能促进光诱导载流子分离的异质结机制。Kadi 等[131]在介孔 TiO_2 网络上合成了均匀分散的CuO纳米粒子。在使用葡萄糖做牺牲剂的条件下，CuO质量分数为3%的 CuO-TiO_2 纳米复合材料的析氢率比中孔 TiO_2 提高了 1300 倍。在介孔 CuO-TiO_2 纳米复合材料中，H_2 产率的增加是由于具有 p-n 结结构的 CuO-TiO_2 异质结的构建，加快了载流子的分离，促进了 H_2 的产生。因此，可以尝试将 CuO 与 CeO_2 进行复合来提高 CeO_2 光催化材料的光吸收能力和电子 - 空穴对的分离效率。

（3）直接 Z 型异质结的构建

p-n 型异质结的电子和空穴均迁移至氧化还原电位较低的半导体上，

致使其氧化还原能力降低。为弥补该缺陷，余家国等[132]于2013年提出了直接Z型异质结结构。这种结构由两种能带结构相匹配的半导体材料通过紧密接触形成。当异质结中半导体产生的电子空穴进行迁移时，位于较高导带上的光生电子，倾向于向另一个半导体的较低价带上迁移发生复合。这样在具有较低导带的半导体中保留了还原能力更强的光生电子，而在具有较高价带的半导体中保留了氧化能力更强的光生空穴，其原理如图1.17所示。当异质结催化剂在足够强的光照下产生电子-空穴对时，PSⅡ导带上的光生电子，在正负电荷的吸引作用下，更倾向于向PSⅠ价带上迁移发生复合。这样在PSⅠ的导带中保留了还原能力更强的光生电子，PSⅡ的价带中保留了氧化能力更强的空穴。因此，Z型异质结在实现光生电子和空穴空间分离的同时，还保留了空穴和电子更强的氧化还原能力，这大大提高了光催化剂的实际应用价值[76，133-135]。

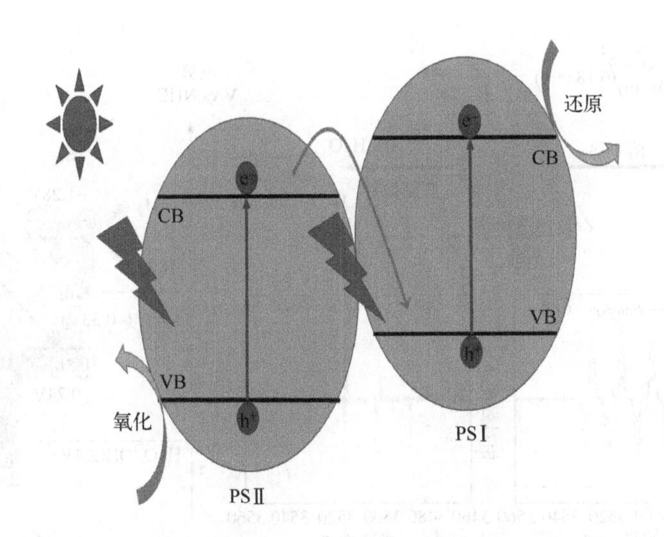

图1.17　Z型异质结能级匹配及电荷转移示意图[76]

Zhang等[136]采用溶剂热法和室温沉淀法相结合的技术制备了一种具有0D/2D异质结的复合光催化剂$CeO_2/ZnIn_2S_4$，流程如图1.18（a）所示。最佳$CeO_2/ZnIn_2S_4$异质结光催化剂的析氢性能，分别比纯CeO_2和$ZnIn_2S_4$

高 6.67 倍和 2.37 倍。这是由于 0D 和 2D 结构的结合，为光催化析氢反应的表面催化提供了大量的活性位点，Z-Scheme 的构建为电子 - 空穴对的分离提供了电子输运通道，同时保持了较高的氧化还原能力。另外，· OH 和 · O_2^- 的 ESR 测试，揭示了催化剂中 Z-Scheme 电子输运的光催化机理，如图 1.18（b）～（d）所示。Shen 等 [137] 利用水热法制备了 Z-Scheme 异质结光催化剂 $W_{18}O_{49}/CeO_2$。采用光催化析氢法评价了 $W_{18}O_{49}/CeO_2$ 的光催化性能。结果表明，CeO_2 含量为 15% 的 $W_{18}O_{49}/CeO_2$ 性能最好，其制氢效率约是纯 CeO_2 的 1.93 倍。在 $W_{18}O_{49}$ 和 CeO_2 的接触界面存在 Z 型异质结结构，是光催化性能增强的原因。Wangkawong 等 [138] 合成了 Z-Scheme 异质结催化剂 CeO_2/BiOI 并考察其对 RhB 的降解活性。结果表明，可见光下，其活性分别是 BiOI 和 CeO_2 的 1.5 倍和 8.0 倍。CeO_2 和 BiOI 之间的密切接触和化学相互作用促进了异质结中电荷的有效转移，Z 型结构加

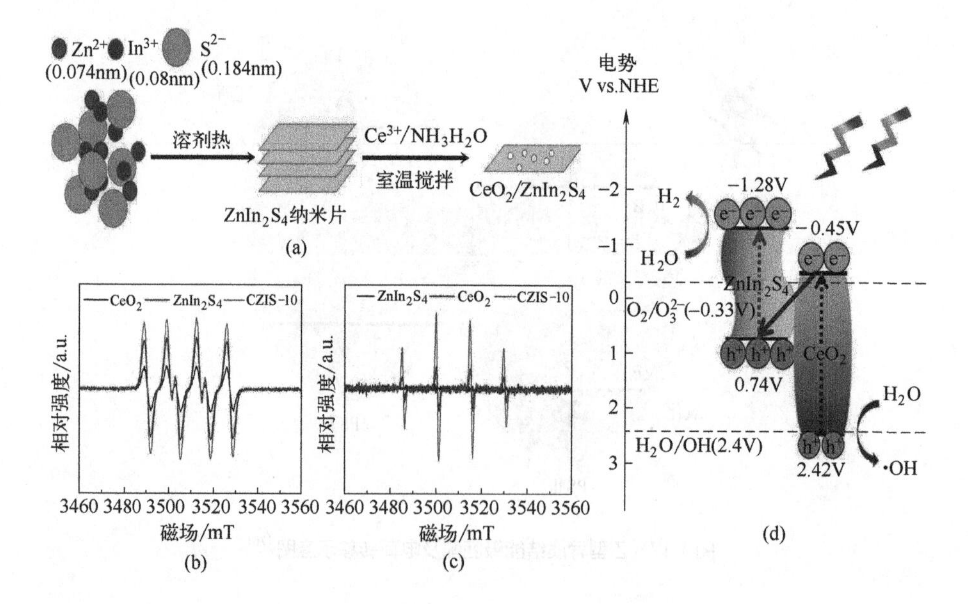

图 1.18 $CeO_2/ZnIn_2S_4$ 异质结的合成路线及其光催化制氢机理研究图 [136]

（a）$CeO_2/ZnIn_2S_4$ 异质结的合成路线；（b）单体及复合材料 DMPO- · O_2^- 的 ESR 谱；（c）单体及复合材料 DMPO- · OH 的 ESR 谱；（d）可见光下 $CeO_2/ZnIn_2S_4$ 光催化制氢的机理

快了光生载流子的传输，提高了 CeO_2/BiOI 复合材料的光催化性能。

g-C_3N_4 作为聚合物半导体光催化剂，具有优异的电子结构，良好的化学稳定性和热稳定性。2009 年，王心晨等 [139] 首次将 g-C_3N_4 用来做光催化水分解制备氢气和氧气的催化剂。自此，各国研究者对光催化剂 g-C_3N_4 进行了大量的研究 [140-142]。近年来，将其与其他催化材料共同构建出 Z 型光催化复合材料的研究日益增多。如 Bi 等 [143] 采用简单的阳极氧化法制备了二氧化钛纳米管（TNTs），并在 500℃下与尿素煅烧制备了 g-C_3N_4/TNTs（CN/TNTs）复合材料。通过构建 Z-Scheme 转移机制，提高了 TNTs 的光催化活性。结果表明：g-CN/TNTs 样品有效抑制了光生电子 - 空穴对的复合，可见光的吸收范围也明显红移。Cui 等 [144] 以尿素为主要前驱体，采用一步加热的简便方法，合成了 WO_3/g-C_3N_4 复合材料。0.25-WO_3/g-C_3N_4 样品展现了最优异的催化活性，在可见光照射 2h 内，几乎 100% 地降解了溶液中的 RhB。光催化活性的提高，是由于 WO_3/g-C_3N_4 形成了 Z-Scheme 异质结，提升了光生电子和空穴迁移速率。Ding 等 [145] 采用沉淀和焙烧相结合的方法合成了 g-C_3N_4/Ag_3PO_4 复合材料。所得 g-C_3N_4/Ag_3PO_4 催化剂在可见光下对四环素（TC）具有良好的光催化活性，近 80% 的 TC（$50mg \cdot L^{-1}$）在 20min 内被降解，说明 g-C_3N_4/Ag_3PO_4 催化剂的性能远远好于纯 g-C_3N_4 纳米片和 Ag_3PO_4。基于活性物质捕获实验，提出了 g-C_3N_4/Ag_3PO_4 复合材料的 Z-Scheme 光催化机理。实验结果证明，g-C_3N_4 与 Ag_3PO_4 接触界面中强的相互作用和合理的能带排列可以有效地促进光生载流子转移。因此，g-C_3N_4 可以作为与氧化物半导体进行复合构建 Z 型异质结结构的候选材料，进一步提高半导体光吸收能力和光生电子 - 空穴对的分离效率。

（4）三元异质结的构建

尽管二元异质结在一定程度上有效地提高了光催化剂的活性，但仍不能满足实际应用的需求。近年来，为进一步提高光催化材料的催化性能，人们对金属氧化物基三元异质结的设计和制备进行了广泛的研究。半导体氧化物与具有匹配导带和价带的两种半导体复合，可以进一步拓宽光谱响应范围，延长载流子的使用寿命，提高界面电荷转移到被吸附物上的效率，因此，是改善电荷分离的最有前途的方法之一。Zhao 等 [146] 成功设计并合成了级联电子能带结构的三元氧化锌 / 钒酸铋 / 三维有序大孔二氧化钛（$ZnO/BiVO_4/3DOM\ TiO_2$）异质结纳米复合材料。在可见光下降解 RhB 的过程中，三元样品的光催化效率明显优于纯 $BiVO_4$、二元 $BiVO_4/3DOM\ TiO_2$、$ZnO/BiVO_4$ 样品。增强的光催化活性是由于在三元纳米复合材料中合适的导带和价带位置，形成了级联电子带结构。形成的级联电子带结构有利于空间电荷分离，抑制了光生电子与空穴的复合，从而促进了复合材料 $ZnO/BiVO_4/3DOM\ TiO_2$ 光催化性能的提高，其机理如图 1.19 所示。Fang 等 [147] 通过简单的水热法合成了一种新的 Z-Scheme 三元异质结 $TiO_2/g\text{-}C_3N_4/Bi_2WO_6$ 复合材料。与 TiO_2、$g\text{-}C_3N_4$、Bi_2WO_6 单体结构和 $g\text{-}C_3N_4/Bi_2WO_6$ 异质结相比，可见光照射下所制备的三元异质结对 RhB、MB 和苯酚具有更高的降解效率。这说明 Z-Scheme 异质结的形成使复合材料 $TiO_2/g\text{-}C_3N_4/Bi_2WO_6$ 中光生空穴 - 电子对的复合效率降低了，也提高了其光诱导载流子的寿命。Yan 等 [148] 通过将 $g\text{-}C_3N_4$ 纳米片和 AgBr 纳米颗粒组装在 $CaTiO_3$ 纳米晶体表面，制备了一种 Z-Scheme 三元复合材料 $CaTiO_3/g\text{-}C_3N_4/AgBr$。CTO/10%CN/50%AgBr 样品在可见光下 30min 内光催化降解 RhB 的效率可达 90%，其光催化反应速率常数分别是纯 $CaTiO_3$、$g\text{-}C_3N_4$ 和 AgBr 的 28.3、19.9 和 2.0 倍。三元复合材料 $CaTiO_3/g\text{-}C_3N_4/AgBr$ 的光降解性能增强可以归因于 Z-Scheme 的电子传递机制和光生电子 - 空穴对的有效分离。

在三元异质结中具有双 Z 型异质结的三元光催化剂具有以下优点：①能获得更大的可见光响应范围；②在不同的半导体界面处能形成级联电

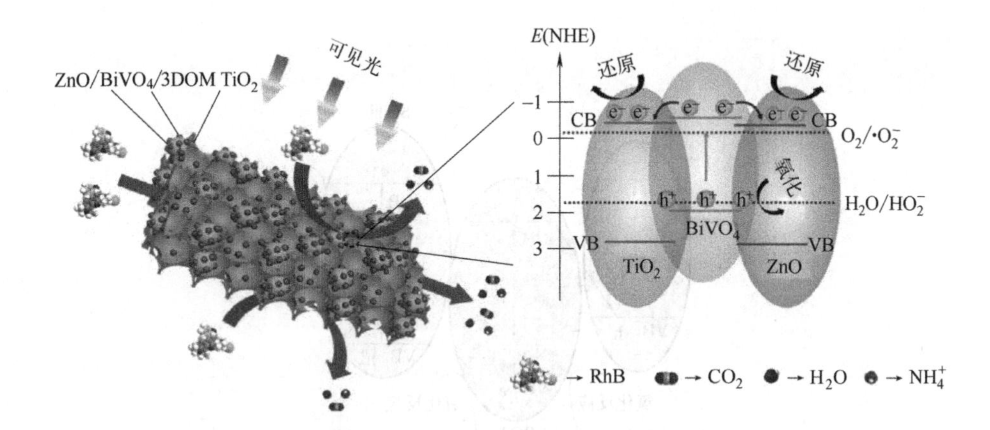

图 1.19 三元异质结 $ZnO/BiVO_4/3DOM\ TiO_2$ 的光催化降解机理图 [146]

子能带结构，实现电荷的多通道转移，保证在耦合半导体之间产生的光生电子 - 空穴对实现有效的空间分离，并延长载流子的使用寿命；③能够进一步提高光催化体系的氧化或者还原能力；④能够提供更多的发生氧化或还原反应的表面。因此，针对已形成的 Z 型异质结半导体催化剂，选择能带结构匹配良好的第三组元半导体，通过表面修饰等策略调控其载流子传输机制，使其转变成更有利于光催化反应的双 Z 型异质结结构是改善半导体催化剂光催化性能的又一新手段。三元双 Z 型异质结的电荷传输路径有两种方式：一种是“对称式”，另一种是“阶梯式”，其电子传输路径如图 1.20 所示。在“对称式”双 Z 型异质结中，处于 SC Ⅱ导带上的光生电子传输到半导体 SC Ⅰ和半导体 SC Ⅲ的价带上并与其上的空穴发生复合，这种电荷载流子传输的结果将导致光生电子最终富集在 SC Ⅰ和 SC Ⅲ的导带上，而空穴富集在 SC Ⅱ的价带上，这样，在实现光生载流子有效分离的同时也保持了体系强的氧化和还原能力，并且提供了更多能够进行氧化反应的表面 [149]。同样地，在“阶梯式”双 Z 型异质结中，光生载流子最终分别集中在具有较强还原能力的 SC Ⅰ的导带和具有较强氧化能力的 SC Ⅲ的价带上 [150]。以上两种载流子传输方式使得三元双 Z 型异质结催化剂比单纯的 Z 型异质结具有更加优异的光催化性能。

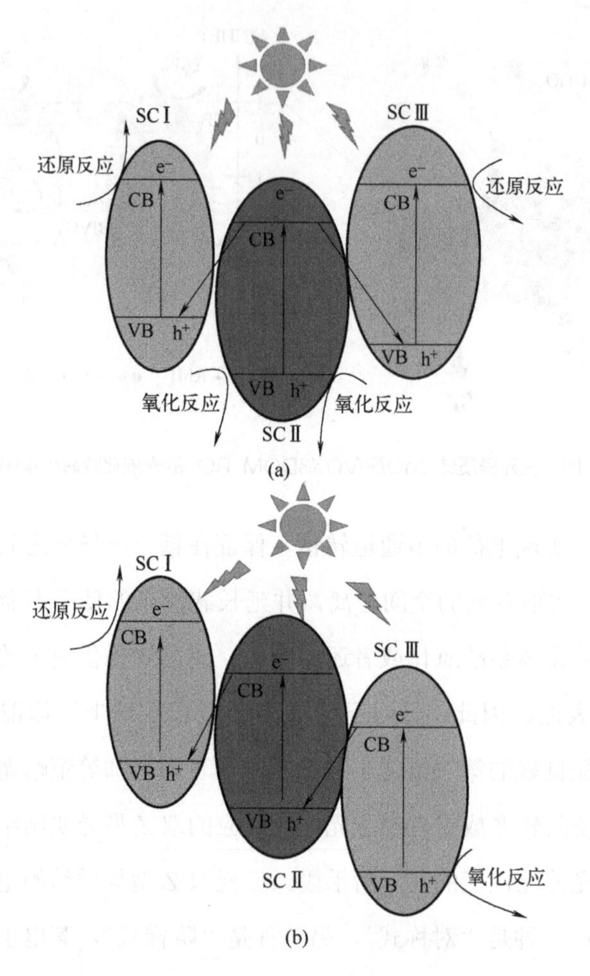

图 1.20　三元双 Z 型异质结中电荷传输路径图

（a）对称式；（b）阶梯式

综上，异质结的构建有以下优点：第一，有效促进光生电子 - 空穴对的空间分离；第二，改善电荷迁移路径，促进电荷快速转移到催化剂表面；第三，有效延长光生载流子的寿命。通过具体分析每种异质结的能带结构及电荷转移路径，可以发现，传统的Ⅱ型异质结可以实现电子 - 空穴对的空间分离，但电子空穴在转移过程中受到对方半导体电荷的排斥作用，导致电子 - 空穴对的空间分离效率下降。p-n 型异质结克服了上述缺点，在空间电场和能带电位差的双重作用下，实现了电子 - 空穴对的高效分离。

但p-n型异质结中，电子空穴向氧化还原电位较低的半导体移动，导致光催化材料的光催化性能降低。Z型异质结结构能够克服p-n型异质结的缺点，具有匹配能级的半导体在正负电荷的吸引作用下，实现电子-空穴对的有效分离，并保留具有较高还原能力和氧化能力的电子和空穴，显著地提高光催化材料的性能。此外，三元异质结的构建，尤其是双Z型结构的构建，在复合材料内部形成了级联电子能带结构，保证了在耦合半导体之间产生的光生电子-空穴对的空间分离，从而阻碍了电荷重组，为电子转移提供了更有效的路径，进一步提高了光生电子-空穴对的分离效率，在实现光生载流子有效分离的同时也保持了体系强的氧化和还原能力，并且提供了更多能够进行氧化反应的表面，极大地提高了光催化剂的活性。因此，选择能带匹配的半导体材料，合理构建异质结结构，是提高半导体光催化材料性能的重要手段。期待不久的将来，以半导体材料为主体的光催化剂，在性能提升方面能够取得新的突破，为解决环境污染问题提供更加有力的手段。

第2章

改性二氧化铈的制备与表征

2.1　原材料和设备

2.1.1　原材料

实验中所用试剂及其生产厂家如表 2.1 所示。

表 2.1　实验试剂及生产厂家

名称	分子式	级别	厂家
六水硝酸铈	$Ce(NO_3)_3 \cdot 6H_2O$	AR	国药集团化学试剂有限公司
氨水	$NH_3 \cdot H_2O$	AR	天津市欧博凯化工有限公司
聚乙烯吡咯烷酮	$(C_6H_9NO)_n$	AR	国药集团化学试剂有限公司
尿素	$CO(NH_2)_2$	AR	天津市欧博凯化工有限公司
六水硝酸铜	$Cu(NO_3)_2 \cdot 6H_2O$	AR	国药集团化学试剂有限公司
无水乙醇	CH_3CH_2OH	AR	天津市欧博凯化工有限公司
乙酸	CH_3COOH	AR	天津科密欧化学试剂有限公司
乙二醇	$(CH_2OH)_2$	AR	天津市欧博凯化工有限公司
亚甲基蓝	$C_{16}H_{18}N_3ClS$	AR	天津市光复精细化工研究所
苯酚	C_6H_5OH	AR	上海麦克林生化科技有限公司
对苯醌	$C_6H_4O_2$	AR	阿达玛斯试剂有限公司
叔丁醇	$C_4H_{10}O$	AR	天津科密欧化学试剂有限公司
硝酸银	$AgNO_3$	AR	天津科密欧化学试剂有限公司
乙二胺四乙酸二钠	$C_{10}H_{14}N_2Na_2O_8$	AR	天津风船化学试剂科技公司
盐酸	HCl	AR	天津津东天正精细化学试剂厂
氢氧化钠	$NaOH$	AR	天津市凯通化学试剂有限公司

2.1.2　设备

实验中所用仪器及其生产厂家如表 2.2 所示。

表 2.2 实验仪器及生产厂家

名称	型号	厂家
电子天平	AL104	梅特勒 - 托利多仪器有限公司
恒温磁力搅拌器	DF-101S	山东鄄城华鲁电热仪器有限公司
离心机	TG-16WS	湖南湘仪实验室仪器开发有限公司
鼓风干燥箱	DHG-9203A	西尼特（北京）科技有限公司
超声波清洗机	KQ2200E	舒美昆山市超声仪器有限公司
微波反应器	WBFY-201	郑州泰远仪器设备有限公司
马弗炉	KLX-12D	上海精科仪器有限公司
反应釜	YZHR	上海岩征实验仪器有限公司
pH 计	PHS-25	上海雷磁仪器有限公司
光化学反应仪	PRS	北京泊菲莱科技有限公司
氙灯光源及控制器	HXS F300	北京纽比特科技有限公司
汞灯光源及控制器	GGZ	上海季光特种照明电器厂
纯水机	CSR-1-10(Ⅱ)	北京爱思泰克科技开发有限公司
X 射线衍射仪	Smart Lab	日本理学株式会社
傅里叶变换红外光谱仪	FTIR-8400S	日本岛津公司
扫描电子显微镜	SUPRA55 SAPPHIRE	德国蔡司
透射电子显微镜	Tecnai F30	荷兰 Philips-FEI 公司
紫外 - 可见分光光度计	Lambda 750S	美国 Perkin-Elmer 公司
荧光分光光度计	F-7000	日立公司
孔径比表面积分析仪	SSA-4000	彼奥德公司
X 射线光电子能谱仪	ESCALAB 250XI	美国赛默飞世尔科技公司
电化学分析仪	CHI 760E	上海辰华仪器有限公司

2.2 制备方法

2.2.1 CeO_2 的制备方法

（1）微波界面法

采用硝酸铈为铈源，以 PVP 作表面活性剂，以氨蒸气作沉淀剂，去离子水作溶剂，改变硝酸铈及 PVP 的浓度，在微波辅助条件下制备二氧化铈前驱体材料。最后，将产物在马弗炉里500℃煅烧5h（升温速率5℃/min），自然冷却至室温，得到CeO_2纳米粒子。

（2）微波回流法

以硝酸铈为铈源，PVP作表面活性剂，尿素作沉淀剂，去离子水作溶剂，在微波辅助条件下制备二氧化铈前驱体材料。最后，将产物在马弗炉里500℃煅烧2h（升温速率5℃/min），自然冷却至室温，得到CeO_2粒子。

（3）溶剂热法

将一定量的硝酸铈，一定体积的乙酸、水和乙二醇放于烧杯中，在磁力搅拌器上搅拌30min，然后转移到100mL的反应釜中，升温至180℃（升温速率5℃/min）并保温4h，自然冷却至室温。之后，将得到的产物在马弗炉中500℃煅烧2h（升温速率5℃/min），冷却到室温，得到CeO_2光催化材料。

2.2.2 CuO/CeO_2复合材料的制备

采用微波回流法，以硝酸铈，硝酸铜为铈源和铜源，以尿素作沉淀剂，去离子水作溶剂，PVP作表面活性剂制备CuO/CeO_2复合材料。

2.2.3 g-C_3N_4的制备

g-C_3N_4的制备采用煅烧尿素的方法，具体操作过程如下：将20g尿素放于带盖的坩埚中，置于马弗炉中煅烧，升温速率为2℃/min，升温至500℃，保温4h，自然冷却至室温，得到淡黄色g-C_3N_4粉体。

2.2.4 $CeO_2/g-C_3N_4$ 复合材料的制备

将一定量的 CeO_2 材料（溶剂热法）和 g-C_3N_4 超声分散到 50mL 乙醇中，之后将该烧杯放到磁力搅拌器上搅拌，直到乙醇挥发完全，将固体粉末烘干后于马弗炉中煅烧，得到 CeO_2/g-C_3N_4 复合材料。

2.2.5 $CuO/CeO_2/g-C_3N_4$ 复合材料的制备

将一定量的 CuO/CeO_2 材料和 g-C_3N_4 超声分散到 50mL 乙醇中，之后将该烧杯放到磁力搅拌器上搅拌，直到乙醇挥发完全，将固体粉末烘干后于马弗炉中煅烧，得到 CuO/CeO_2/g-C_3N_4 复合材料。

2.3 材料表征方法

① X 射线衍射分析（XRD）。将粉末样品置于玛瑙研钵中充分研磨后，转至测试样品板上压平整。之后将压好的样品板放入 X 射线衍射仪（日本理学，Smart Lab 型）的试样平台上进行测试。测试过程参数如下：2θ 扫描范围为 10°～90°，扫描速度为 5°/min，管电压为 40kV，管电流为 200mA，辐射源为 Cu-Kα 射线（λ=0.15406nm）。样品的晶粒尺寸依据谢乐公式进行估算。公式如下：

$$D=\frac{K\lambda}{\beta\cos\theta} \tag{2.1}$$

式中，D 为晶粒平均尺寸，nm；K 为谢乐常数，数值为 0.89；λ 为入射 X 射线的波长，数值为 0.15406nm；β 为衍射峰的半峰宽，rad；θ 为对应的衍射角，(°)。

② 红外光谱分析（FT-IR）。利用红外光谱对样品的官能团和化学键进行研究。把干燥后的被测粉末样品与光谱纯 KBr 以 1 ∶ 100 的比例于

玛瑙研钵中充分研磨、混匀，之后压片。将压好的样品片放入傅里叶变换红外光谱仪的样品架上进行测试，测试过程参数如下：光谱扫描范围 4000 ～ 400cm^{-1}，扫描次数 16 次，分辨率 4cm^{-1}。

③ 显微组织分析（SEM）。采用超声分散的方法将少许待测粉末样品分散于无水乙醇中，分散时间为 10min。之后将少许上层清液转移到载玻片上，在空气中干燥。将干燥后样品粘贴到导电胶上进行喷金处理，喷金时间为 120s，之后，将其放入样品仓进行测试。利用扫描电子显微镜观察样品的表面形貌及粒子尺寸，采用截线法估算样品的平均晶粒尺寸，每个样品截取晶粒数不少于 200 个。利用 EDS 对样品的元素组成进行分析。

④ 透射电镜分析（TEM）。采用超声分散法将少许待测粉末样品分散于无水乙醇中，分散时间为 30min。然后用铜制微栅捞取上清液少许放置在培养皿中自然干燥，从而得到透射电镜样品。采用荷兰 Philips-FEI 公司的 Tecnai F30 场发射透射电子显微镜，分析样品的形貌及晶格条纹。

⑤ 紫外 - 可见漫反射光谱分析（DRS）。采用美国 Perkin-Elmer 公司的 Lambda 750S 型紫外 - 可见分光光度计测试样品的 DRS 光谱图，对样品的光吸收性能进行分析。之后可利用（$\alpha h\nu$）$^{1/n}$ 与 $h\nu$ 的关系曲线来估算样品的带隙能。具体公式如下：

$$(\alpha h\nu)^{1/n} = A(h\nu - E_g) \quad (2.2)$$

式中，α 是吸光指数；$h\nu$ 是入射光子能量；A 是常数；E_g 为半导体带隙能；指数 n 与半导体的类型有关，直接带隙半导体 n 值为 1/2，间接带隙半导体 n 值为 2。测试时以 $BaSO_4$ 为参比，光谱扫描范围为 200 ～ 800nm，采用积分球收集信号进行测试。

⑥ 荧光光谱分析（PL）。将一定质量的固体粉末置于固体样品槽内，并用石英片压好，在一定的激发波长下，采用荧光光谱分析半导体光催化剂光生电子 - 空穴对的分离效率。

⑦ 比表面积分析（BET）。测试前，先将样品放入样品管并在 120℃

下加热 2 ～ 3h，使样品表面吸附的水分完全除去。之后将样品管安装到孔径比表面积分析仪中，在液氮温度（−196℃）下，对样品进行 N_2 吸附 - 脱附测试。分别采用 BET 和 BJH 法对样品的比表面积、孔径分布及孔体积进行计算和分析。

⑧ X 射线光电子能谱分析（XPS）。采用美国赛默飞世尔科技公司的 ESCALAB 250 XI型 X 射线光电子能谱分析仪，测试样品的表面化学成分及元素价态。激发源采用单色化 Al Kα 射线（光子能量 1486.6eV），所得数据利用 XPSPEAK 软件进行分峰拟合。

⑨ 电化学分析。采用电化学工作站测试样品的瞬态光电流响应谱以及电化学阻抗谱，分析光生载流子的转移情况。测试前工作电极制样方法为：称取 10mg 粉末样品分散在 1mL 乙醇溶液中，再加入 50μL Nafion 乙醇溶液，超声 30min 形成均匀悬浮液，之后取 150μL 悬浮液滴在 ITO 玻璃上，室温下晾干后即得到工作电极。测试过程采用三电极体系：Ag/AgCl 做参比电极，Pt 丝做对电极，样品 /ITO 做工作电极。电解液为 0.2mol·L^{-1} 的 Na_2SO_4 溶液。光源为 500W 氙灯，偏压 −0.2V（vs. Ag/AgCl），开关灯循环间隔时间为 20s。

2.4 光催化性能测试

2.4.1 光催化降解亚甲基蓝溶液性能测试

为了评估所制备样品的光催化性能，采用亚甲基蓝溶液（MB）为对象测试其降解效率。实验过程如下：以 500W 汞灯（或氙灯）为光源，量取浓度为 10mg·L^{-1}（或 20mg·L^{-1}）的 MB 溶液 300mL，向其中加入 150mg 所制备的催化剂。在开始照射前，为了达到吸附和解吸平衡，先将悬浮液在黑暗环境下于磁力搅拌器上搅拌 30min。开始照射后，每 30min

（或 10min）取出 4mL 悬浮液，离心除去催化剂。随后，用 UV-Vis 分光光度计在 664nm 处测量所取 MB 溶液的吸光度。降解率的计算公式为：

$$\eta(\%) = \frac{A_0 - A_t}{A_0} \times 100\% = \frac{C_0 - C_t}{C_0} \times 100\% \tag{2.3}$$

式中，η（%）为降解效率；C_0、C_t、A_0、A_t 分别为 MB 溶液黑暗吸附后以及光照 t 时间后的浓度及对应的吸光度。

2.4.2 光催化降解苯酚溶液性能测试

通过降解苯酚溶液来评价所制备样品的光催化活性，实验过程如下：以 500W 氙灯为光源，量取浓度为 5mg·L^{-1} 的苯酚溶液 100mL，向其中加入 50mg 所制备的催化剂。在开始照射前，为了达到吸附和解吸平衡，先于黑暗环境中将悬浮液磁力搅拌 30min。开始光照后，每 30min 取出 4mL 悬浮液，离心除去催化剂。随后，用 UV-Vis 分光光度计在 272nm 处测量所取苯酚溶液的吸光度。通过式（2.3）计算苯酚溶液的降解率。

第3章

微波辅助法制备 CeO_2 及其光催化性能研究

3.1 概述

纳米材料的形貌包括其形状、尺寸以及表面形态等，对半导体光催化的性能有着很大的影响。对半导体纳米材料形貌的可控制备，可以实现对光的有效利用，加速电荷的迁移，改善光生电子 - 空穴对的分离效率。控制合成具有特定尺寸和不同形状的纳米粒子，为提高光催化剂的活性提供了一种有效的途径 [151-153]。研究证实，CeO_2 的形貌、晶粒大小及比表面积会在很大程度上影响其光催化活性。如 Chen 等 [154] 采用室温固相化学合成法制备了 CeO_2 样品，在紫外光下研究了其对亚甲基蓝的光催化降解性能，发现具有薄片状形貌 CeO_2 样品的光催化活性远远高于团聚的纳米颗粒。Choudhary 等 [155] 采用湿法化学法制备了 CeO_2 纳米圆盘。在晶体尺寸较小的 CeO_2 纳米圆盘中，Ce^{3+} 缺陷和氧空位浓度较高。晶体尺寸为 8.2nm 的 CeO_2 纳米圆盘对 MB、MG 和 MO 的太阳光降解具有最好的光催化活性。目前，为了制备形态良好且尺寸可控的 CeO_2 纳米粒子，主要采用的制备方法包括：水（溶剂）热法 [156-158]、微波辅助法 [159]、溶胶 - 凝胶法 [160]、沉淀法 [161] 等。其中，微波辅助法因其不需要热传导、反应速度快、加热分布均匀等优点而受到越来越多的关注 [162，163]。然而，微波方法由于难以控制液体体系内的反应速率，使其应用受到了限制。

本章提出了一种基于微波加热技术和气液扩散技术的新型微波界面法。该方法的主要特点是，采用缓慢扩散的蒸气作沉淀剂与液相的溶液进行反应。反应发生在蒸气与溶液表面的界面处。通过控制蒸气向液体表面扩散的速率，可以控制成核和晶粒的生长速率。通过新颖的微波界面法制备具有纳米棒和纳米球混合形貌的 CeO_2 纳米粒子，该方法控制产物形貌的同时对氧空位浓度也进行了调控。氧空位可以充当电子捕获中心，紫外或可见光激发产生的光生电子被其捕获后，电子 - 空穴对的复合得到有效抑制，从而提高样品的光催化活性。同时，采用微波加热技术与均相沉淀技术相结合的常压微波回流法，制备了形貌规则的菱面体形 CeO_2 光催化材料。该方法采用尿素做沉淀剂，均相沉淀法可以缓慢均匀地释放所需的阴离子，从而控制粒子的成核速率。在本章工作中，通过改变制备过程中硝酸铈的浓度和表面活性剂的加入量，对不同方法制备 CeO_2 光催化材料的形貌及结构进行分析。同时，将所制备的 CeO_2 样品在紫外光下降解 MB 溶液，考察不同条件对所制备样品光催化活性的影响。

3.2 二氧化铈光催化材料制备

(1) 微波界面法

以硝酸铈为铈源，以氨水蒸气做沉淀剂，去离子水做溶剂，在不同表面活性剂（PVP）浓度下，采用微波界面法制备 CeO_2-R 纳米粒子（R=2g・L^{-1}、5g・L^{-1}、10g・L^{-1}，为 PVP 的浓度）。具体实验方法：将 8mmol 硝酸铈、0.5g 聚乙烯吡咯烷酮（PVP-K30）溶于 100mL 去离子水得 A 溶液。将 0.5mol 氨水溶于 500mL 去离子水得 B 溶液。将盛放 A 溶液的烧杯用胶带粘贴固定在盛放 B 溶液的烧杯中，再将两个烧杯用保鲜膜密封起来。之后将两个烧杯放到微波反应器中加热，微波辐照时间为 30min。将生成的沉淀离心、洗涤、收集，然后放入 60℃ 的电热恒温鼓风干燥箱内烘干 12h，之后将得到的粉末在 500℃ 马弗炉里煅烧 5h（升温速率 5℃ /min），自然冷却至室温，得到 CeO_2-R（R=5g・L^{-1}）纳米粒子，其余 CeO_2 纳米粒子的合成过程相同，不同之处为 PVP 浓度分别改变为 2g・L^{-1}、10g・L^{-1}，对应 CeO_2 纳米粒子分别命名为 CeO_2-R（R=2g・L^{-1}）、CeO_2-R（R=10g・L^{-1}）。在不加入表面活性剂且氨水量不变的条件下，改变硝酸铈浓度分别为 0.02mol・L^{-1}、0.08mol・L^{-1} 和 0.5mol・L^{-1}，制备 CeO_2-x-NPs（x=0.02mol・L^{-1}、0.08mol・L^{-1}、0.5mol・L^{-1}，为硝酸铈溶液的浓度）分别命名为 CeO_2-0.02、CeO_2-0.08 和 CeO_2-0.5。反应示意图如图 3.1 所示。

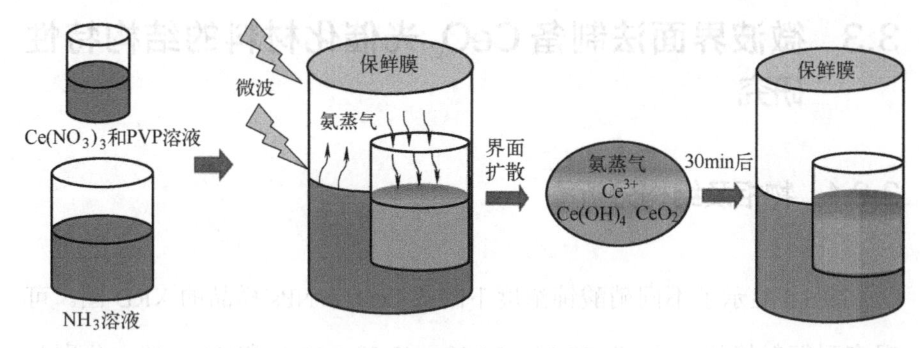

图 3.1　微波界面法反应示意图

（2）微波回流法

以硝酸铈为铈源，尿素作沉淀剂，去离子水作溶剂，PVP 作表面活性剂在微波辐射的条件下制备 CeO_2 光催化材料。具体实验方法如下：准确称取 4.34g 硝酸铈、3.6g 尿素和 2g PVP，溶于 100mL 去离子水中，将盛有该溶液的烧杯置于磁力搅拌器上，搅拌约 10min 后所加入的试剂完全溶解。之后，将溶液转移至 250mL 的圆底烧瓶中，在微波条件下回流 60min。将生成的沉淀离心、清洗、收集，然后放入 60℃的电热恒温鼓风干燥箱内烘干 24h。之后，将所得产物在马弗炉中 500℃煅烧 2h（升温速率 5℃/min），得到 CeO_2 粒子。改变 PVP 的加入量，所制备的样品标记为 CeO_2-P（P=1g、1.5g、2g、2.5g、3g，为 PVP 加入量）。反应示意图如图 3.2 所示。

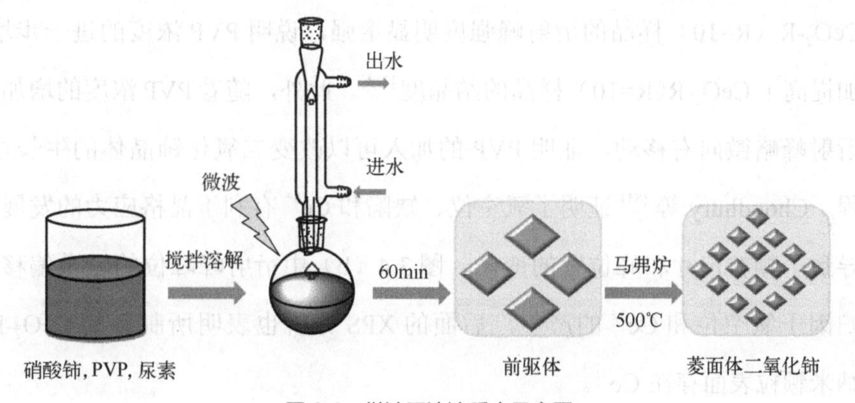

图 3.2　微波回流法反应示意图

3.3 微波界面法制备 CeO_2 光催化材料的结构特性研究

3.3.1 物相及结构分析

图 3.3 显示了不同硝酸铈浓度下制备 CeO_2-x-NPs 样品的 XRD 图。可观察到衍射峰位于 2θ 为 28.5°、33.1°、47.5°、56.4°和 59.1°处，分别与立方萤石结构 CeO_2 的（111）、（200）、（220）、（311）和（222）晶面一一对应[116]（JCPDSNo.34-0394）。值得注意的是，随着硝酸铈浓度的增加衍射峰变宽，表明 CeO_2-x-NPs 的平均晶粒尺寸减小。所制备样品的晶粒尺寸可由 Scherrer 公式[76]进行估算［见式（2.1)］。当硝酸铈浓度分别为 $0.02mol \cdot L^{-1}$、$0.08mol \cdot L^{-1}$、$0.5mol \cdot L^{-1}$ 时，所得纳米粒子的平均尺寸分别为 15.5nm、15.3nm 和 12.9nm。

图 3.4（a）显示了不同 PVP浓度下制备 CeO_2-R 样品的 XRD 图谱。XRD 图谱中尖锐的特征峰说明所制备的 CeO_2-R 纳米粒子具有良好的结晶性。衍射峰中没有杂质相，说明在制备 CeO_2-R 过程中加入 PVP 并没有改变 CeO_2 的晶相。依据 Scherrer 公式，计算出所制备 CeO_2-R 纳米颗粒的平均晶粒尺寸约 12 ～ 15nm。与 CeO_2-R（R=2）和 CeO_2-R（R=5）样品相比，CeO_2-R（R=10）样品的衍射峰强度明显增强，说明 PVP 浓度的进一步增加提高了 CeO_2-R（R=10）样品的结晶度[164]。此外，随着 PVP 浓度的增加，衍射峰略微向右移动，证明 PVP 的加入可以改变二氧化铈晶体的生长过程。Choudhury 等[81]证明了氧空位、缺陷和 Ce^{3+} 有利于晶格应力的发展，导致了颗粒尺寸和峰位置的变化。图 3.4（b）中衍射峰峰位的轻微偏移，归因于氧空位和 Ce^{3+} 的产生，后面的 XPS 分析也表明所制备的 CeO_2-R 纳米颗粒表面存在 Ce^{3+}。

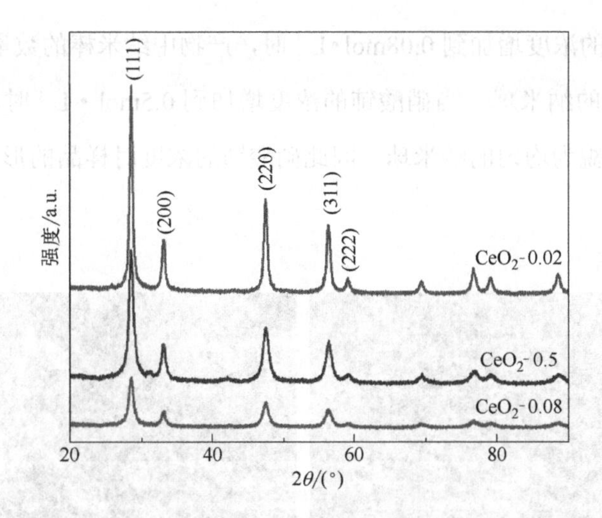

图 3.3　不同硝酸铈浓度下制备 CeO_2-*x*-NPs 样品的 XRD 图

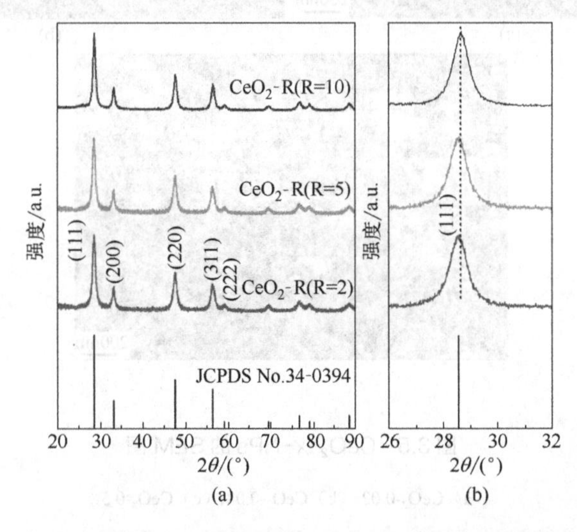

图 3.4　不同 PVP 浓度下制备 CeO_2-R 样品的 XRD 图

（a）XRD 图；（b）2θ 角在 26°～32°之间的衍射图谱

3.3.2　微观形貌及比表面积分析

图 3.5（a）～（c）为不同硝酸铈浓度下制备 CeO_2-*x*-NPs 的 SEM 图像。当硝酸铈的浓度为 0.02mol·L^{-1} 时，产物的形貌为纳米棒和团聚的纳米球。

当将硝酸铈的浓度增加到0.08mol•L^{-1}时，产物中纳米棒的数量明显减少，主要是团聚的纳米球。当硝酸铈的浓度增加到0.5mol•L^{-1}时，纳米棒消失，产物形貌为均匀的纳米球。因此硝酸铈的浓度对样品的形貌有明显的影响。

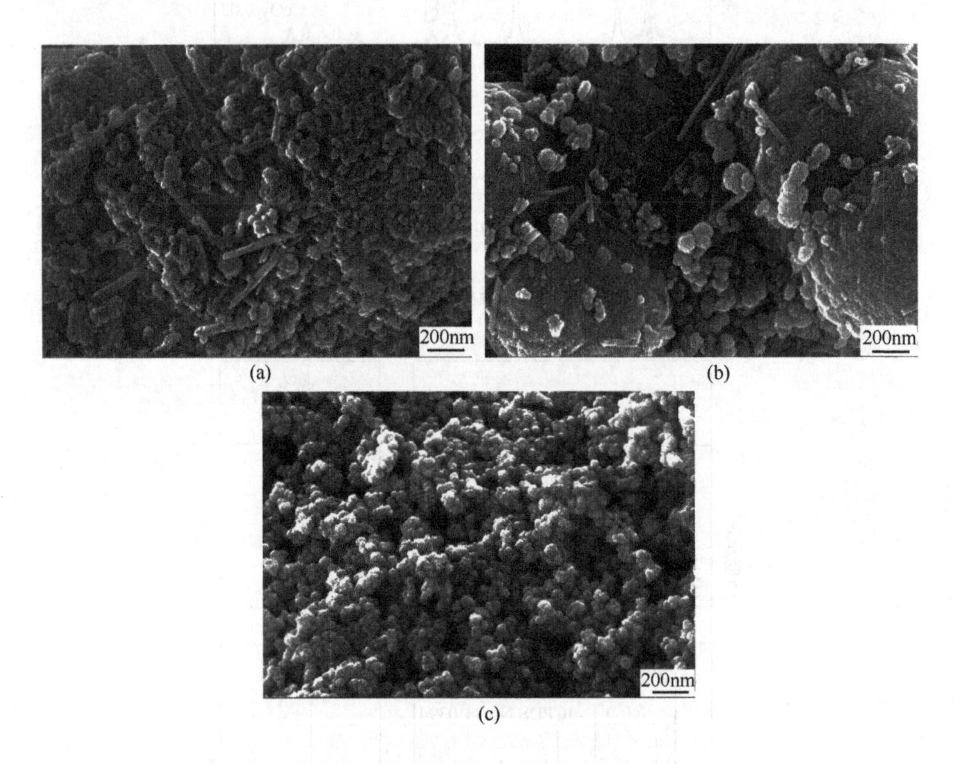

(a) (b) (c)

图3.5 CeO_2-*x*-NPs的SEM图

(a) CeO_2-0.02;(b) CeO_2-0.08;(c) CeO_2-0.5

图3.6(a)～(f)为不同PVP加入量下合成CeO_2-R纳米粒子的SEM及粒径分布统计图。从图中可以清楚地看到，随着PVP浓度的增加，CeO_2-R纳米粒子的形貌没有明显变化，但是粒子分散程度有所改善。统计分析表明，所制备CeO_2-R的平均粒径为163.87nm、119.66nm和93.49nm。值得注意的是，CeO_2-R纳米粒子的颗粒尺寸随着PVP浓度的增加而减小，这说明适当的PVP浓度可以抑制CeO_2-R颗粒的生长。PVP

的加入降低了反应体系的表面能，影响了纳米粒子在反应过程中的成核和生长速率。同时，PVP 的用量会影响 CeO_2-R 纳米粒子的粒径尺寸。这是因为随着 PVP 用量的增加，会形成更多的胶束和结晶核，而反应过程中生成的 CeO_2-R 纳米粒子的数量是一定的，所以导致生成的纳米球粒径减小 [165]。粒径的减小能够缩短光生载流子的迁移路径，有利于提高光催化剂的活性。利用 EDS 进一步确认了 CeO_2-R（R=10）纳米粒子的组成，如图 3.6（g）所示。在大约 0.5keV 处的信号对应于 O 元素，在大约 0.9keV、4.9keV 和 6.0keV 处的信号对应于 Ce 元素。因此，所制备的纳米粒子由 O 和 Ce 两种元素组成。从图 3.6（g）中的组分分析可以看出，Ce 元素与 O 元素的原子比约为 1 ：2，这进一步证明了所制备的样品为二氧化铈，该结果也与 XRD 的分析结果相对应。

图 3.6

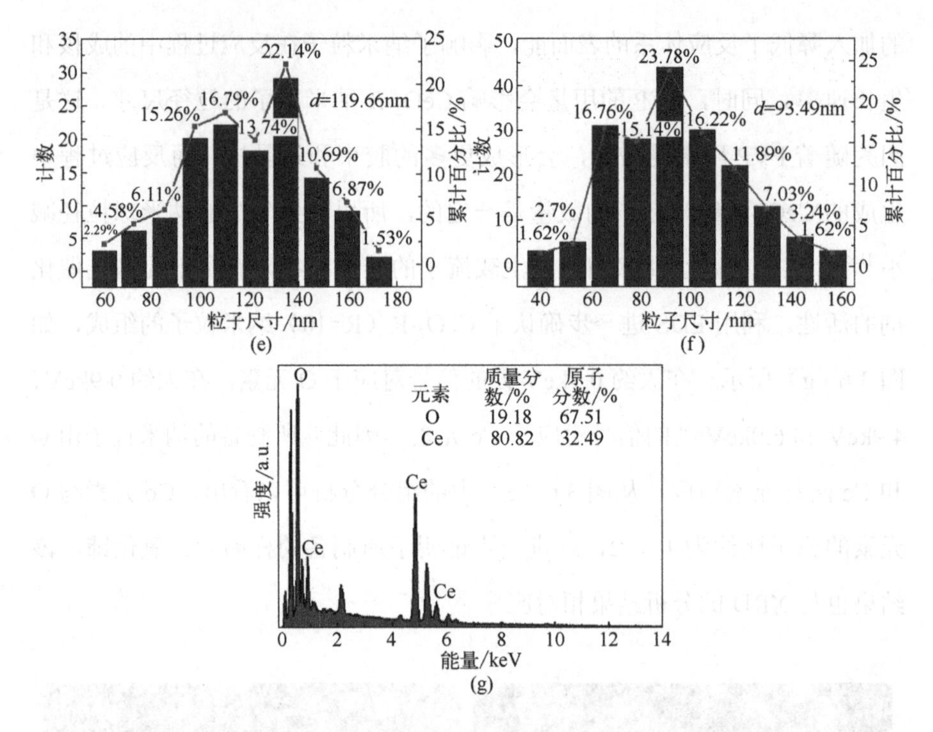

图 3.6　CeO_2-R 纳米粒子的 SEM 和粒径分布统计图及 CeO_2-R（R=10）样品的 EDS 图

（a），（d）CeO_2-R（R=2）；（b），（e）CeO_2-R（R=5）；（c），（f）CeO_2-R（R=10）；（g）CeO_2-R（R=10）的 EDS 图

图 3.7 为 CeO_2-R（R=5）样品的 TEM 和 HRTEM 图像。由图像可以看出，所制备的 CeO_2 纳米粒子为球形。另外，从 HRTEM 图像获得了清

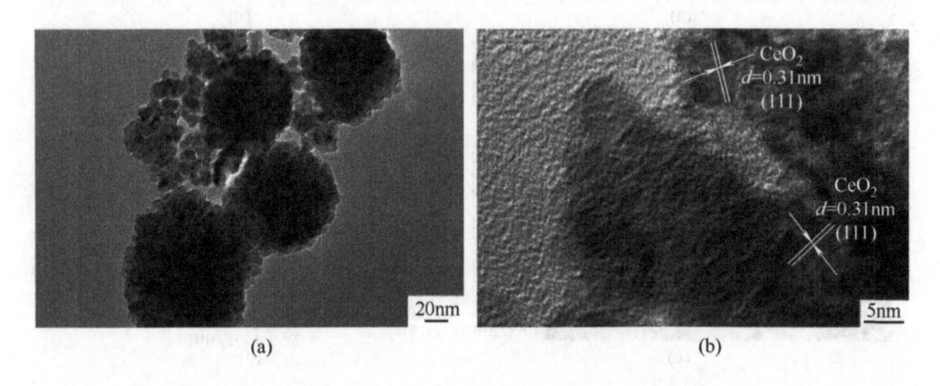

图 3.7　CeO_2-R（R=5）样品的 TEM 和 HRTEM 图

（a）TEM 图；（b）HRTEM 图

晰的晶格条纹，经计算晶格条纹间距为 0.31nm，这与 CeO_2（111）晶面对应，也与 XRD 的结果一致。

不同 PVP 浓度下制备 CeO_2-R 样品的 N_2 吸附 - 脱附等温线及孔径分布如图 3.8 所示。基于国际纯粹与应用化学联合会（IUPAC）分类标准 [166]，所有制备的 CeO_2-R 纳米粒子均呈现出Ⅳ型等温线，并具有 H3 迟滞回线，说明 CeO_2-R 样品中存在介孔结构，这与孔径分布结果相一致。BET 比表面积数值随 PVP 浓度的增加先增大后减小，分别 $32.9m^2\cdot g^{-1}$、$40.4m^2\cdot g^{-1}$

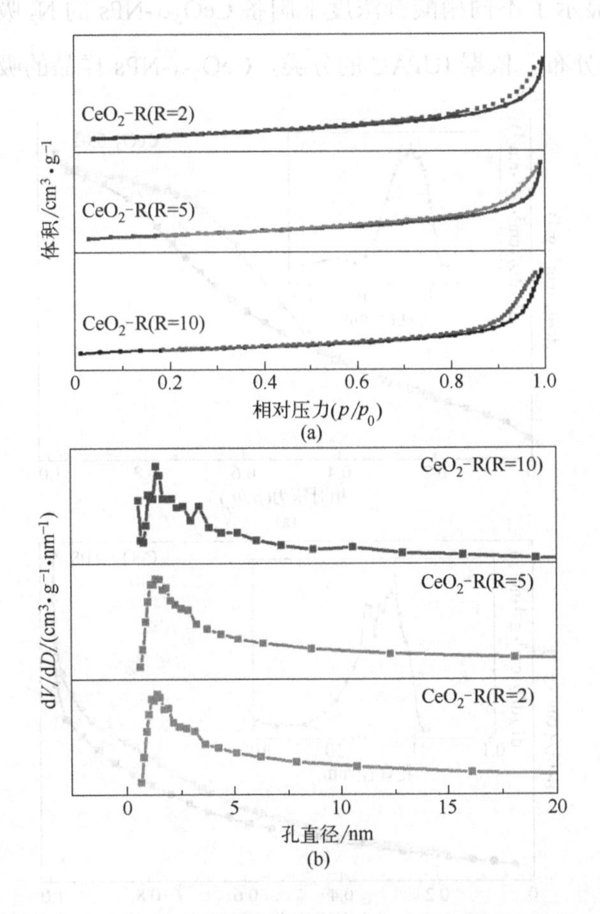

图 3.8　CeO_2-R 纳米粒子的 N_2 吸附 - 脱附等温线及孔径分布图

（a）N_2 吸附 - 脱附等温线；（b）孔径分布图

和 31.4$m^2 \cdot g^{-1}$。其中，当 PVP 的浓度为 5$g \cdot L^{-1}$ 时，所制备的样品比表面积最大。原因可以解释如下，PVP 可以优化反应体系的表面能，防止颗粒团聚，增加所制备样品的比表面积。然而，当溶液中 PVP 浓度过大时，反应体系中溶液的黏度会增大，不利于晶体颗粒的分散，使样品间堆叠形成的孔隙变小，导致孔隙体积和比表面积减小 [166]。CeO_2-R（R=5）样品具有较大的比表面积，在光催化降解 MB 的过程中其表面可以产生更多的反应活性位点，从而提高其光催化活性。

图 3.9 显示了不同硝酸铈浓度下制备 CeO_2-x-NPs 的 N_2 吸附 - 脱附等温线及孔径分布。依据 IUPAC 的分类，CeO_2-x-NPs 样品的吸附 - 脱附等

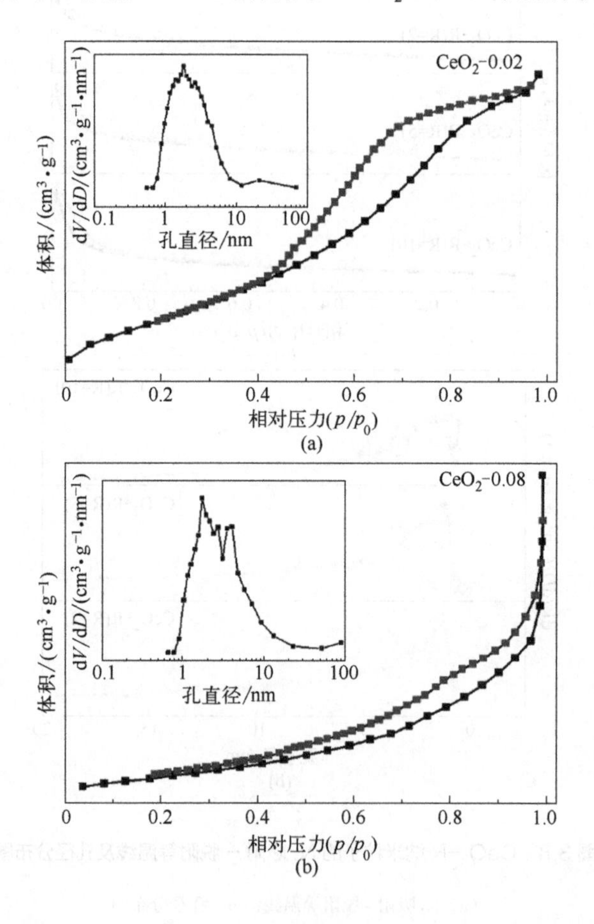

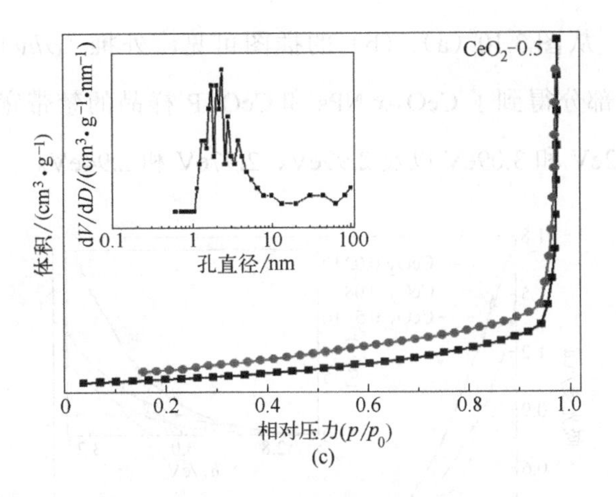

图 3.9　CeO_2-*x*-NPs 的 N_2 吸附 - 脱附等温线及孔径分布图（内插图）

（a）CeO_2-0.02；（b）CeO_2-0.08；（c）CeO_2-0.5

温线均为Ⅳ型，表明 CeO_2-*x*-NPs 中存在介孔结构。CeO_2-*x*-NPs 的比表面积随硝酸铈浓度的增加而减小，分别为 $76.6m^2 \cdot g^{-1}$、$62.0m^2 \cdot g^{-1}$ 和 $3.40m^2 \cdot g^{-1}$。从图 3.9 内插图中的孔径分布图可以看出，样品的大部分孔径介于 2 ～ 10nm 之间，在介孔范围（2 ～ 50nm）之内，该结果与等温线的结果一致。

3.3.3　光学性质分析

图 3.10（a）、（b）展现了 CeO_2-*x*-NPs 和 CeO_2-R 样品的紫外 - 可见漫反射光谱（UV-vis DRS）及 $(\alpha h\nu)^2$ 与光子能量 $h\nu$ 的关系曲线。图 3.10（a）显示，在波长低于 400nm 时，所制备的 CeO_2-*x*-NPs 样品均发生显著的吸收。从图 3.10（b）中可以看到，在不同 PVP 浓度下制备的样品中，CeO_2-R（R=5）样品在紫外光区的吸收强度最高，因此可以吸收更多的光子激发产生载流子，从而提高样品 CeO_2-R（R=5）的光催化降解效率。Cui 等 [167] 也证实了较强的吸收强度是提高纳米粒子光催化性能的关键因素。利用紫外 - 可见漫反射光谱可以估计所制备样品的禁带宽度（E_g），

见式（2.2）。从图 3.10（a）、（b）的插图可见，外推（$\alpha h\nu$）^{2} 与 $h\nu$ 关系曲线的线性部分得到了 CeO_2-x-NPs 和 CeO_2-R 样品的禁带宽度分别约为 2.99eV、3.02eV 和 3.09eV 以及 2.99eV、2.97eV 和 2.94eV。

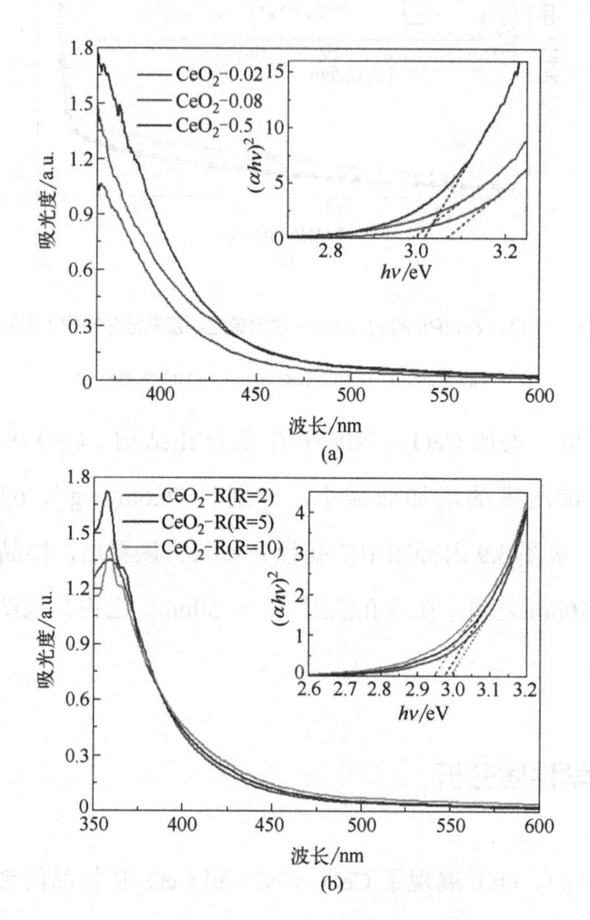

图 3.10 CeO_2-x-NPs 和 CeO_2-R 纳米粒子的 DRS 及（$\alpha h\nu$）^{2} 与光子能量 $h\nu$ 关系曲线

（a）CeO_2-x-NPs；（b）CeO_2-R

3.3.4 XPS 分析

为了通过测试 X 射线光电子能谱（XPS），研究所制备 CeO_2-x-NPs 和

CeO_2-R 样品的化学状态和元素组成。测试了样品 CeO_2-0.02 和 CeO_2-0.5 以及 CeO_2-R（R=5、10）的 Ce 3d 和 O 1s 的 XPS 能谱图，如图 3.11(a)～(d)、图 3.12（b）和（c）、图 3.12（e）和（f）所示。样品 CeO_2-R（R=5、10）的 XPS 全谱图如图 3.12（a）和（d）所示。在全谱图中可以观察到三组显著的峰，分别对应 C 1s、Ce 3d 和 O 1s 的结合能，其中 C 1s 峰来源于仪器产生的杂质碳，因此表明 CeO_2-R（R=5、10）纳米粒子由 Ce 元素和 O 元素组成。由于 Ce 4f 和 O 2p 轨道之间的杂化，Ce 3d 轨道可以分解为 $3d_{3/2}$ 和 $3d_{5/2}$ 两组谱线（分别标记为 u 和 v），并拟合为 8 个峰。从 Ce 3d 的 XPS 图中可以看出，所有样品均显示了 Ce^{4+} 和 Ce^{3+} 的混合信号。对于 CeO_2-0.02 样品，标记为 u（900.2eV）、u″（907.0eV）和 u‴（915.7eV）的峰归属于 Ce^{4+} 的 $3d_{3/2}$，标记为 v（881.7eV）、v″（887.8eV）和 v‴（897.4eV）的峰对应于 Ce^{4+} 的 $3d_{5/2}$，标记为 u′（901.5eV）和 v′（884.6eV）的峰可归属于表面 Ce^{3+}[168]。Ce^{3+} 的浓度可通过以下公式[169, 170]进行计算：

$$\left[Ce^{3+}\right]=\frac{S_{u'}+S_{v'}}{\sum(S_u+S_v)}\times 100\% \tag{3.1}$$

式中，$S_{u'}$、$S_{v'}$、S_u、S_v 分别表示 u′、v′ 和所有标有 u、v 的峰对应的峰面积。结果表明，CeO_2-0.02 和 CeO_2-0.5 样品中，Ce^{3+} 的浓度分别为 24.66% 和 10.28%。CeO_2-R（R=5、10）纳米粒子中 Ce^{3+} 的浓度分别为 21.27% 和 23.59%。Ce^{3+} 能导致氧空位的形成，氧空位很容易与光生电子结合形成激子从而有效抑制光生电子空穴的复合，提高了 CeO_2-0.02 和 CeO_2-R（R=5）纳米粒子的光催化活性。

如图 3.11（b）、图 3.11（d）和图 3.12（c）、图 3.12（f）所示，所制备样品的 O 1s 均可以被卷积成三个峰。对于 CeO_2-R（R=5）纳米粒子，在较高结合能约 531.6eV 处的峰对应于表面吸附氧（O_α），在低结合能约 528.5eV、529.5eV 处的峰对应于晶格氧（O_β）[171]。研究表明，在氧化反

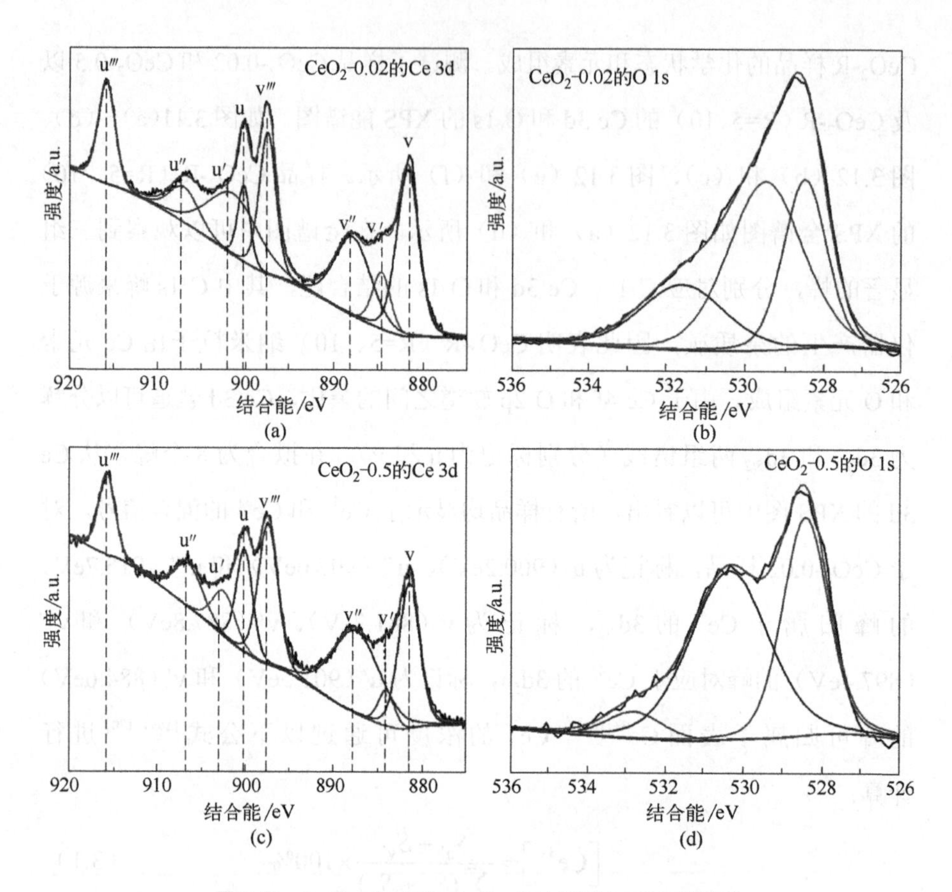

图 3.11　CeO_2-0.02 和 CeO_2-0.5 样品的 XPS 能谱图

(a)，(c) CeO_2-0.02 和 CeO_2-0.5 的 Ce 3d 谱图；(b)，(d) CeO_2-0.02 和 CeO_2-0.5 的 O 1s 谱图

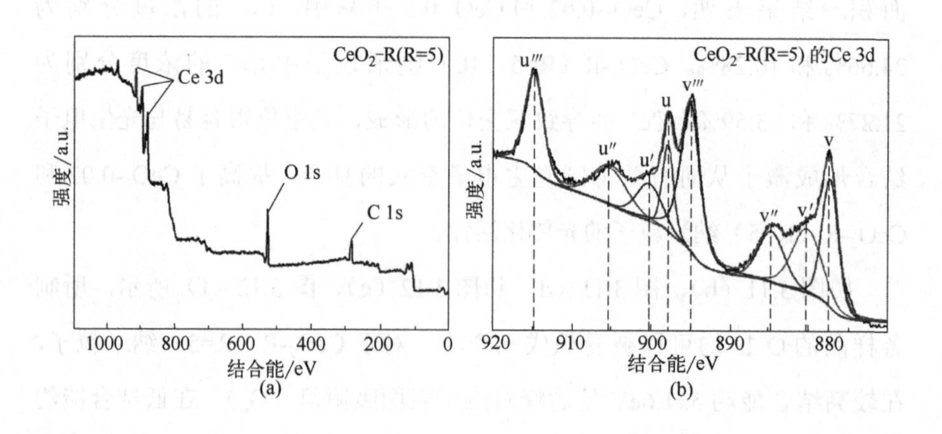

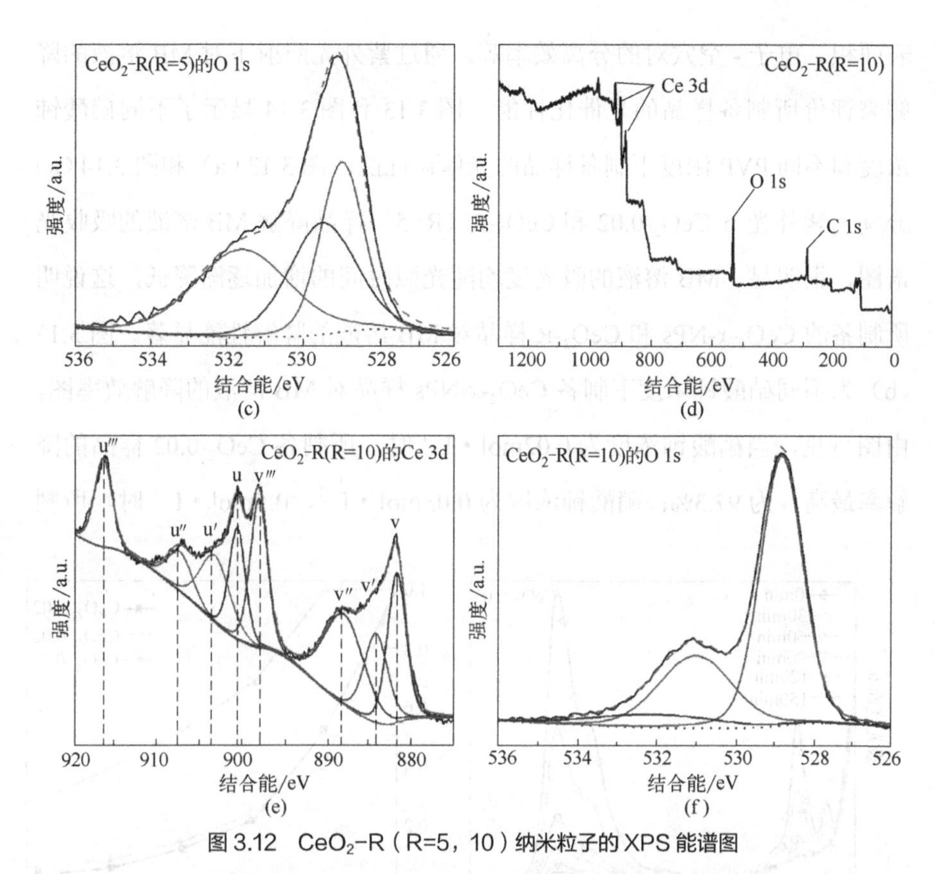

图 3.12 CeO_2-R（R=5，10）纳米粒子的 XPS 能谱图

（a），（d）CeO_2-R（R=5，10）的全谱；（b），（e）CeO_2-R（R=5，10）的 Ce 3d 谱图；（c），（f）CeO_2-R（R=5，10）的 O 1s 谱图

应中表面吸附氧的流动性高于晶格氧，因此，一般认为吸附氧的活性比晶格氧的活性高[172，173]。吸附氧的比例可按下式计算：

$$O_\alpha = \frac{O_\alpha}{O_\alpha + O_\beta} \times 100\% \tag{3.2}$$

CeO_2-R（R=5、10）样品中的吸附氧比例分别为 36.4% 和 37.9%。

3.4 微波界面法制备 CeO_2 光催化材料的光催化性能分析

一般认为，光催化活性受多种因素的影响，如光吸收特性、形貌、比表面积、电子 - 空穴对的分离效率等。通过紫外光照射下对 MB 溶液的降解来评价所制备样品的光催化性能。图 3.13 和图 3.14 显示了不同硝酸铈浓度和不同 PVP 浓度下制备样品的光催化性能。图 3.13（a）和图 3.14（a）分别为紫外光下 CeO_2-0.02 和 CeO_2-R（R=5）样品降解 MB 溶液的吸收光谱图，很明显，MB 溶液的吸光度均随光照时间的增加逐渐降低，这说明所制备的 CeO_2-x-NPs 和 CeO_2-R 样品对 MB 溶液的降解性能显著。图 3.13（b）为不同硝酸铈浓度下制备 CeO_2-x-NPs 样品对 MB 溶液的降解效率图。由图可见，当硝酸铈浓度为 0.02mol・L^{-1} 时，所制备 CeO_2-0.02 样品的降解率最高，为 97.3%；硝酸铈浓度为 0.08mol・L^{-1}、0.5mol・L^{-1} 时，所制

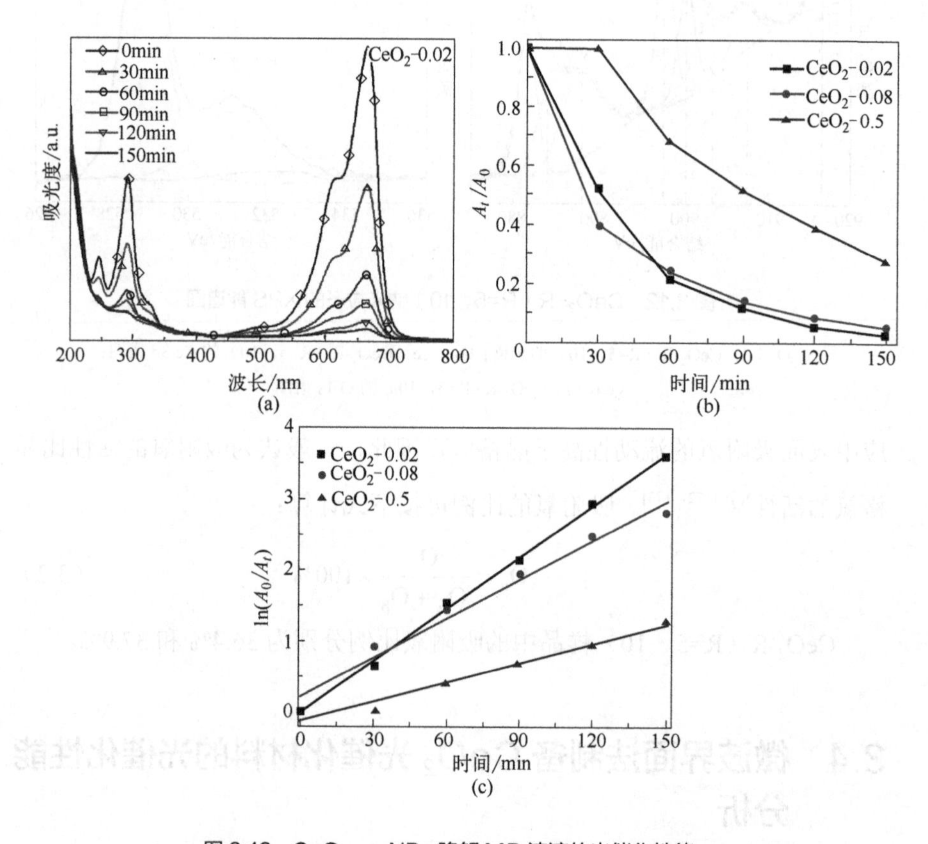

图 3.13　CeO_2-x-NPs 降解 MB 溶液的光催化性能

（a）不同光照时间下 MB 溶液的紫外 - 可见吸收光谱；（b）降解效率曲线；（c）动力学曲线

备的 CeO_2-0.08、CeO_2-0.5 样品的降解率分别为93.9%和72.4%。可见，CeO_2-x-NPs 样品的光催化性能随着硝酸铈浓度的增加有所下降。

CeO_2-R 样品对 MB 溶液的降解效率见图 3.14（b）。CeO_2-R 样品降解 MB 溶液的效率随 PVP 浓度的增加呈现先上升而后显著下降的趋势。光照150min后，CeO_2-R（R=5）样品的降解效率最高，为93.3%，而 CeO_2-R（R=2）和 CeO_2-R（R=10）样品的降解效率分别为81.6%和76.4%。CeO_2-R（R=5）最强的光吸收能力（见图3.10）和最大的比表面积（$40.42m^2 \cdot g^{-1}$），有利于在降解 MB 过程中产生更多的光生载流子、提供更多的活性位点，因此，CeO_2-R（R=5）在降解 MB 方面表现出更强的光催化活性。另外，在众多影响光催化活性的因素中，有时一个因素起主要作用，有时多个因素的协同作用起决定性作用[174]。从实验结果发现，样品 CeO_2-R（R=10）的带隙小于样品 CeO_2-R（R=2）和样品 CeO_2-R（R=5）的带隙，而样品 CeO_2-R（R=10）并没有表现出最好的光催化活性。这可能是因为在所制备的 CeO_2-R 样品中，光吸收能力和比表面积是影响光催化活性的主要因素，而带隙能对光催化活性影响不大。

将 $-\ln(A_t/A_0)$ 与辐照时间 t 进行线性拟合，得到了一级动力学曲线。由图3.13（c）和图3.14（c）中的拟合曲线可知，CeO_2-x-NPs 和 CeO_2-R 光催化降解 MB 溶液的过程符合拟一级动力学模型。硝酸铈浓度为 $0.02mol \cdot L^{-1}$、$0.08mol \cdot L^{-1}$ 和 $0.5mol \cdot L^{-1}$ 时，所制备样品的降解速率常数分别为 $0.024min^{-1}$、$0.018min^{-1}$ 和 $0.009min^{-1}$。CeO_2-R（$R=2g \cdot L^{-1}$、$5g \cdot L^{-1}$、$10g \cdot L^{-1}$）样品的降解速率常数分别为 $0.011min^{-1}$、$0.018min^{-1}$ 和 $0.009min^{-1}$。

为了进一步考察 MB 初始浓度对 CeO_2-R（R=5）样品光催化降解性能的影响，我们进行了一系列不同 MB 初始浓度的光催化降解实验。如图3.14（d）所示，CeO_2-R（R=5）样品降解 MB 溶液的光催化性能，随 MB 初始浓度的增加而减弱。当 MB 初始浓度为 $10mg \cdot L^{-1}$ 时，在紫外光照射 150min 后，CeO_2-R（R=5）降解 MB 溶液的效率高达 93.3%；若 MB 溶液的浓度稍有增加，为 15mg・L^{-1}，其光催化降解效率并未明显降低，为 85.7%；而当 MB 的浓度进一步提高到 20mg・L^{-1} 时，其光催化降解效率显著下降，仅为 67.5%。这表明 CeO_2-R（R=5）样品对 MB 溶液的光催化降解效率与 MB 溶液的初始浓度成反比关系。这是由于，当 MB 溶液的初始浓度增加时，定量的 CeO_2-R（R=5）催化剂与过量的 MB 分子相比，不能提供足够的反应活性位点，从而降低了 CeO_2-R（R=5）对 MB 溶液的光催化降解效率[175]。

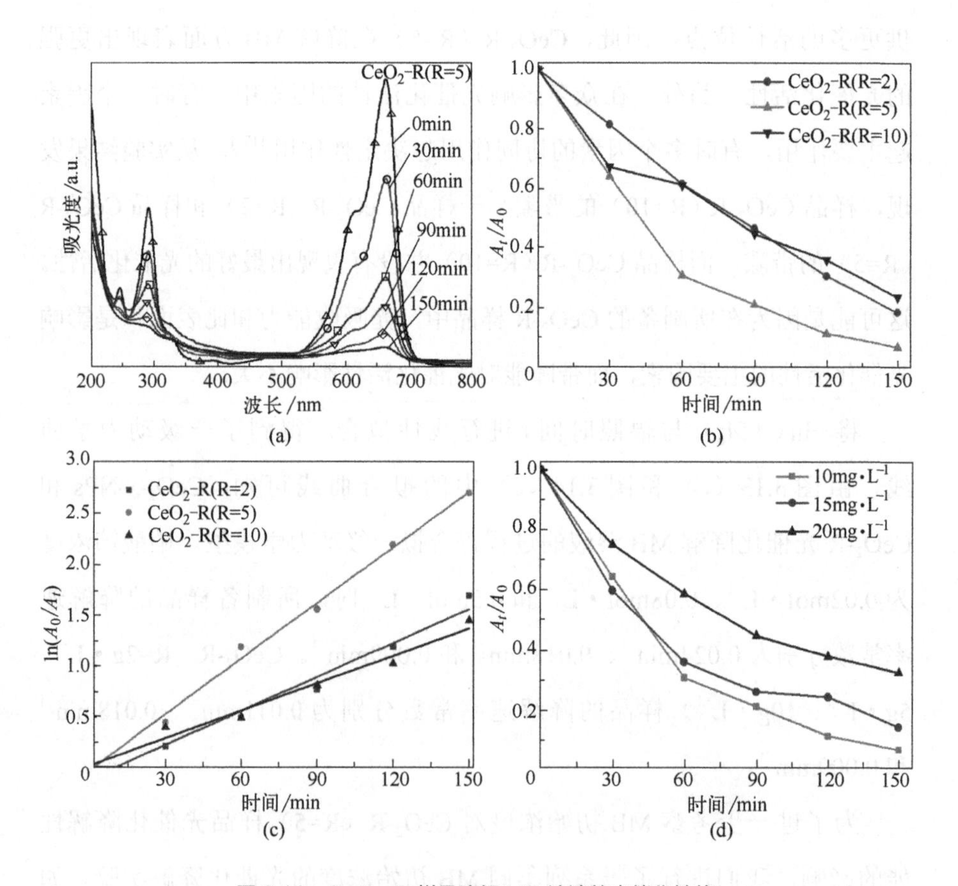

图 3.14 CeO_2-R 样品降解 MB 溶液的光催化性能

（a）不同光照时间下 MB 溶液的紫外 - 可见吸收光谱；（b）降解效率曲线；（c）动力学曲线；（d）不同 MB 初始浓度下 CeO_2-R（R=5）的光催化降解效率

在光催化剂的实际应用中，光催化材料良好的循环稳定性有利于提高其使用效率和降低其使用成本。为了评价所制备 CeO_2-R 样品的稳定性，我们利用 CeO_2-R（R=5）样品，在紫外光照射下，对 MB 溶液的降解进行了循环稳定性实验。5 次循环实验的结果显示，CeO_2-R（R=5）的光催化降解效率从 93.3% 下降到 90.3%，如图 3.15 所示，这表明所制备 CeO_2-R 样品具有良好的稳定性。

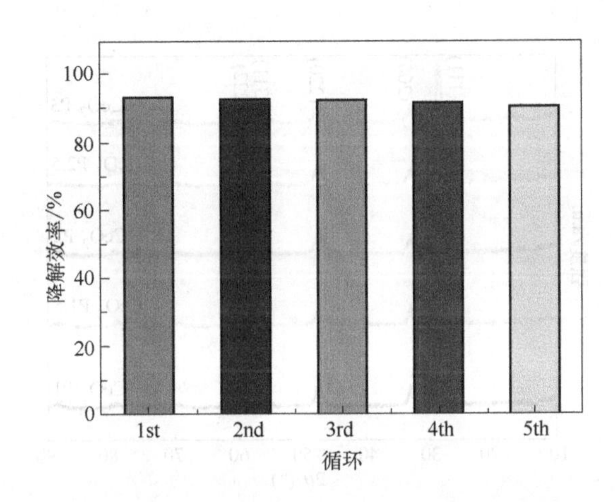

图 3.15　紫外光下 CeO_2-R（R=5）光催化降解 MB 的稳定性研究

3.5　微波回流法制备 CeO_2 光催化材料的结构特性研究

3.5.1　物相及结构分析

通过 XRD 测定了不同 PVP 加入量下合成 CeO_2-P 样品的物相结构，如图 3.16 所示。图中显示，在 28.5°、33.1°、47.5°、56.4° 和 59.1° 处，CeO_2-P 样品出现了明显的特征峰，分别对应 CeO_2 的（111）、（200）、（220）、（311）和（222）晶面，与标准卡片 PDF#43-1002 相一致，说

明所制备的催化剂为立方萤石结构。所制备 CeO_2-P 样品的平均晶粒尺寸可由谢乐公式（2.1）进行估算，结果见表 3.1。计算结果表明，随着 PVP 加入量的增加，所制备 CeO_2-P 样品的平均晶粒尺寸逐渐减小，但当 PVP 的加入量增加到 3g 时，平均晶粒尺寸突然增大，这是因为溶液中过高的 PVP 浓度导致溶液黏度增大，PVP 不能再进一步阻止粒子成核及生长。

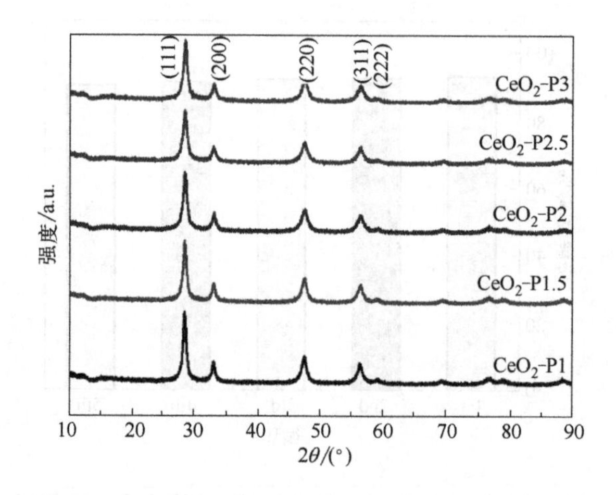

图 3.16　CeO_2–P 样品的 XRD 图

表 3.1　CeO_2–P 样品的平均晶粒尺寸表

样品	CeO_2-P1	CeO_2-P1.5	CeO_2-P2	CeO_2-P2.5	CeO_2-P3
尺寸 /nm	14.8	14.4	13.9	12.8	14.0

图 3.17 为不同 PVP 加入量下制备 CeO_2-P 样品的 FT-IR 光谱图。波数为 3434cm^{-1}、1635cm^{-1} 的特征峰与样品吸附水分子中 O—H 键的伸缩振动和 H—O—H 键的弯曲振动有关[176]。位于约 553cm^{-1} 处的特征峰是 Ce—O 的伸缩振动峰[177]。另外，波数为 2357cm^{-1} 的特征峰归属于空气中 CO_2 的 C═O 伸缩振动峰[178，179]。

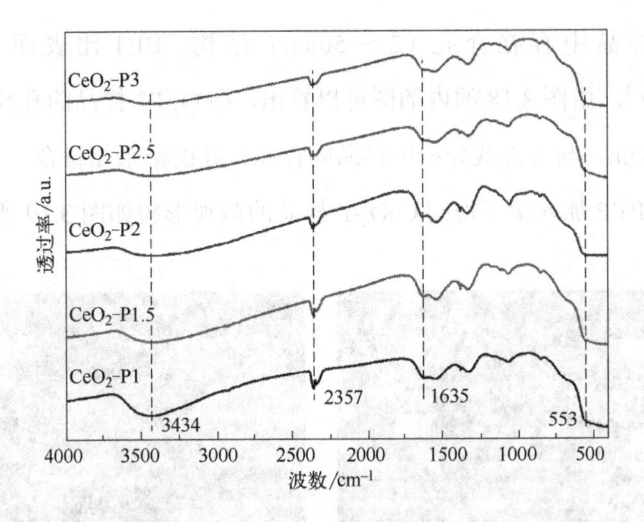

图 3.17　CeO_2-P 样品的 FT-IR 光谱图

3.5.2　微观形貌及比表面积分析

图 3.18 为 PVP 加入量为 2g 时制备样品的 N_2 吸附 - 脱附等温线及孔径分布图。所制备的样品具有 H4 型迟滞回环，呈现Ⅳ型等温线，这表明

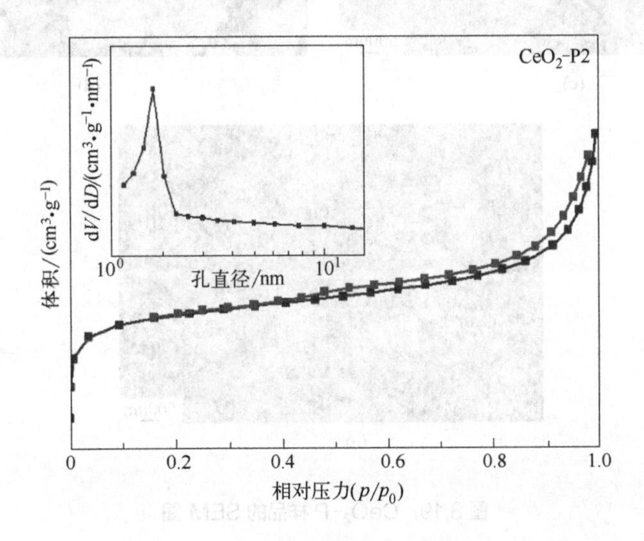

图 3.18　CeO_2-P2 样品的 N_2 吸附 - 脱附等温线及孔径分布图

CeO_2-P2 样品中存在介孔（2 ～ 50nm）结构。BET 比表面积数值为 $56.2m^2 \cdot g^{-1}$。由图 3.18 的内插图可以看出，CeO_2-P2 样品的孔径集中分布在 2 ～ 10nm，与等温线分析中样品间存在介孔的结果相符合。

不同 PVP 加入量下得到 CeO_2-P 样品的微观形貌如图 3.19 所示。从图

图 3.19　CeO_2-P 样品的 SEM 图

（a）CeO_2-P1；（b）CeO_2-P1.5；（c）CeO_2-P2；（d）CeO_2-P2.5；（e）CeO_2-P3

中可以看出，CeO_2-P 样品的形貌均呈现规则的菱面体形，尺寸随 PVP 加入量的增加而逐渐增大。当PVP加入量为1g时，CeO_2-P1颗粒的尺寸最小，颗粒大小分布较为均匀，但颗粒的厚度不同，有的呈现片状，有的呈现较厚的块体。当 PVP 的加入量增加到 1.5g 时，可以明显地看到有较大尺寸的颗粒产生，尺寸不均匀的大小颗粒共同存在。当 PVP 的量再进一步增加，小尺寸颗粒基本消失，产生的颗粒均生长成了尺寸较大、厚度均匀的菱面体形块状颗粒。综上，随着 PVP 加入量的增加，CeO_2-P 颗粒的尺寸逐渐变大且分布变得均匀，但并没有影响颗粒的形状。

3.5.3 光学性质分析

PVP 加入量为 2g 时制备样品的 UV-vis DRS 光谱图及（$\alpha h\nu$）^{2} 与光子能量 $h\nu$ 关系曲线如图 3.20 所示。光谱图显示，在低于 400nm 的波长下所制备的 CeO_2-P2 样品发生显著吸收。基于式（2.2），利用紫外 - 可见漫反射光谱估算了 CeO_2-P2 样品的禁带宽度。对（$\alpha h\nu$）^{2} 与 $h\nu$ 关系曲线的线性部分进行外推，得出 CeO_2-P2 样品的禁带宽度约为 2.95eV。

PL 光谱是用来分析光催化过程中光生电子空穴复合程度的一种常用方法。PL 光谱的强度越低，说明光生载流子的复合速率越低，被分离的光生载流子能够更高效地参与光催化反应[180]。图 3.21 为所制备 CeO_2-P 样品在激发波长为 242nm 时的 PL 光谱图。从图中可以看出，不同 PVP 加入量下得到的 CeO_2-P 样品在约 350 ～ 450nm 范围内均呈现出较宽的发射峰[181]，但发射峰的强度不同。CeO_2-P2 样品发射峰的强度最低，这说明 CeO_2-P2 样品中电子 - 空穴对的复合效率最低。因此，具有最低发射峰强度的 CeO_2-P2 样品，最有利于光催化反应的进行。

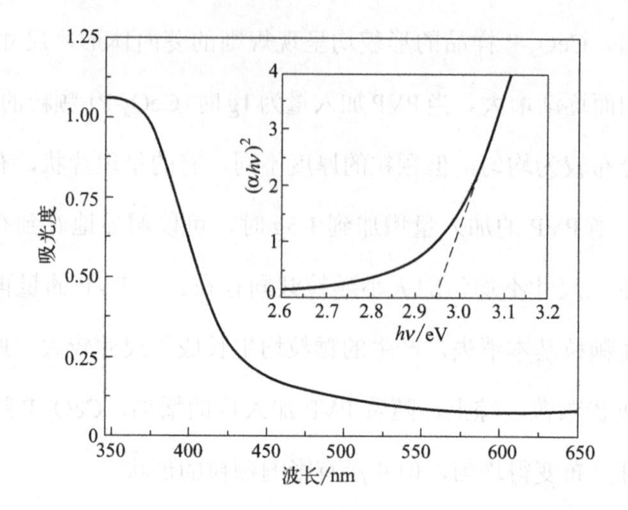

图 3.20　CeO_2-P2 样品的 UV-vis DRS 及 $(\alpha h\nu)^2$ 与光子能量 $h\nu$ 关系曲线

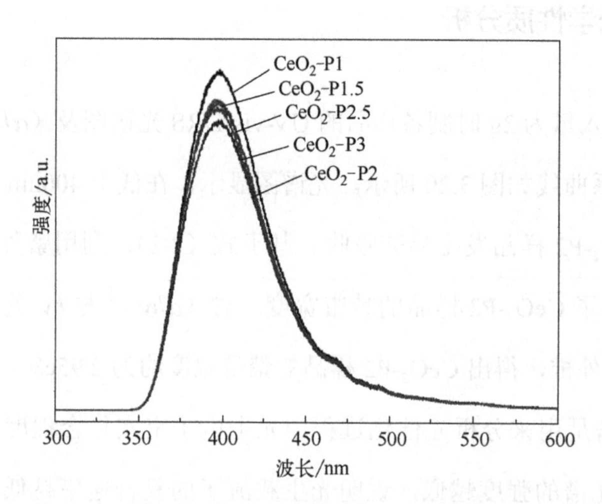

图 3.21　CeO_2-P 样品的 PL 光谱图

3.6　微波回流法制备 CeO_2 光催化材料的光催化性能分析

图 3.22（a）、（b）为在紫外光的照射下，不同 PVP 加入量时所制备 CeO_2-P 样品降解苯酚和 MB 溶液的光催化性能图。图 3.22（a）为

CeO_2-P2 样品在不同降解时间时苯酚溶液的紫外吸收光谱图。很明显，苯酚溶液的吸光度随光照时间的增加而逐渐减小，这说明苯酚溶液逐渐被降解。图 3.22（b）为所制备 CeO_2-P 样品在紫外光下降解苯酚溶液的降解效率图。由图可见，CeO_2-P2 样品对苯酚溶液光催化降解的活性最高。CeO_2-P2 样品具有最高的光催化活性，与 PL 光谱分析结果一致。这证明了电子 - 空穴对的分离效率是影响光催化活性的重要因素。图 3.22（c）、（d）为 CeO_2-P2 样品降解 MB 溶液的吸收光谱图以及随时间变化的降解效率图。由图 3.22（c）可见，随着光照时间的增加，MB 溶液的吸光度呈现明显下降趋势，这与图 3.22（d）中 CeO_2-P2 样品对 MB 溶液降解效率变化趋势一致。

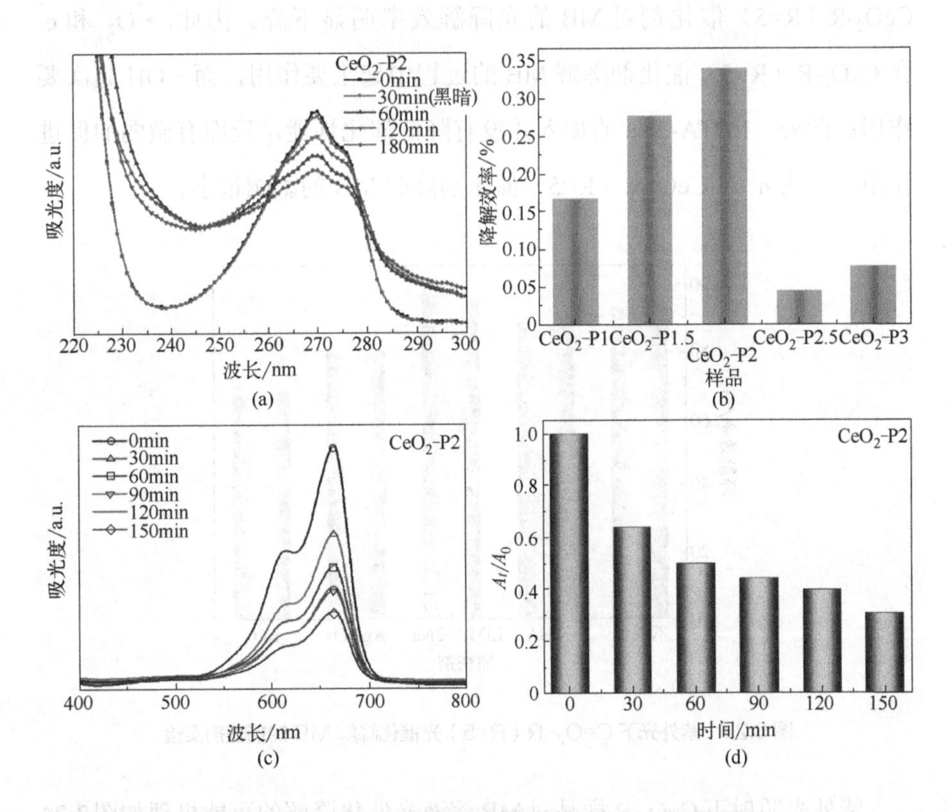

图 3.22　CeO_2-P 样品降解苯酚和 MB 溶液的光催化性能

（a）不同光照时间下苯酚溶液的紫外吸收光谱图；（b）苯酚溶液降解效率图；（c）不同光照时间下 MB 溶液的可见吸收光谱图；（d）不同光照时间下 MB 溶液的降解效率图

3.7 CeO_2 光催化降解 MB 的机理分析

为了研究所制备的 CeO_2 光催化材料在降解有机污染物 MB 过程中的活性物种，利用 CeO_2-R（R=5）催化剂进行自由基捕获实验。图 3.23 显示了在不同自由基捕获剂存在的条件下，CeO_2-R（R=5）催化剂降解 MB 溶液的降解图。加入的自由基捕获剂包括 EDTA-2Na、BQ、TBA 和 $AgNO_3$，它们分别作为 h^+、$\cdot O_2^-$、$\cdot OH$ 和 e^- 的诱捕清除剂。从图中可以看出，随着 TBA 清除剂的加入，CeO_2-R（R=5）催化剂对 MB 的光降解效率缓慢下降，表现出较弱的抑制作用。但加入 BQ 和 $AgNO_3$ 后，CeO_2-R（R=5）催化剂对 MB 的光降解效率明显下降。因此，$\cdot O_2^-$ 和 e^- 在 CeO_2-R（R=5）催化剂降解 MB 的过程中起主要作用，而 $\cdot OH$ 起次要作用。此外，EDTA-2Na 的加入并没有降低催化性能，反而有微弱的促进作用，说明 h^+ 对 CeO_2-R（R=5）催化剂降解 MB 的影响很小。

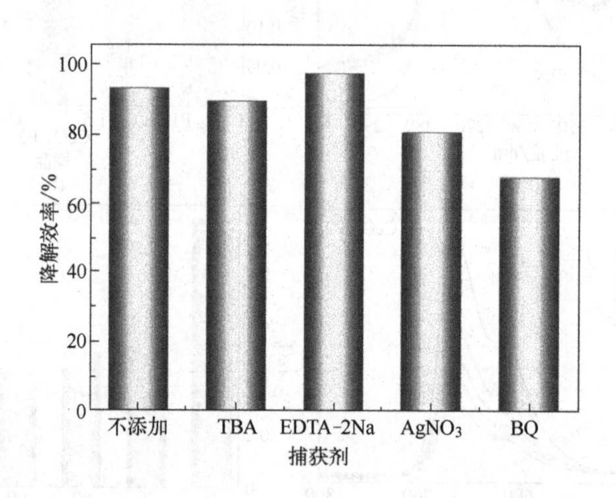

图 3.23 紫外光下 CeO_2-R（R=5）光催化降解 MB 的捕获剂实验

紫外光照射下 CeO_2-R 样品对 MB 溶液光催化降解的可能机理如图 3.24 所示。为了通过半导体的能带结构讨论光催化机理，我们利用以下经验公式，计算了 CeO_2-R（R=5）样品的能带位置。

$$E_{VB} = \chi - E^C + 0.5E_g \tag{3.3}$$

$$E_{CB} = E_{VB} - E_g \tag{3.4}$$

式中，χ 为半导体的绝对电负性；E_{CB} 为导带电位；E_{VB} 为价带电位；E_g 为禁带宽度；E^C 为标准氢自由电子的能量，其值为 4.5eV[182]。CeO_2 的电负性为 5.56eV[182]。经上式计算，CeO_2-R（R=5）价带位置为 2.54eV，导带位置为 −0.43eV。在紫外光照射下，CeO_2-R（R=5）形成的电子 - 空穴对发生分离并分别向 CeO_2-R（R=5）纳米粒子的表面迁移。O_2/·O_2^- 的标准氧化还原电位是 −0.33eV（vs.NHE），CeO_2-R（R=5）导带的电位是 −0.43eV，其电位比 O_2/·O_2^- 的更负，所以，CeO_2-R（R=5）导带中的电子可以将吸附在其表面的氧分子还原为·O_2^- 自由基。·OH/OH^- 和·OH/H_2O 的标准氧化还原电位分别是 +1.99eV 和 +2.27eV（vs.NHE），CeO_2-R（R=5）价带的电位是 2.54eV，其电位比·OH/OH^- 和·OH/H_2O 的更正，因此，CeO_2-R（R=5）价带的空穴可以将 H_2O 及 OH^- 氧化成·OH 自由基。CeO_2-R（R=5）光催化降解 MB 溶液是由这些自由基的作用产生的。这也与捕获剂实验的结果相一致。

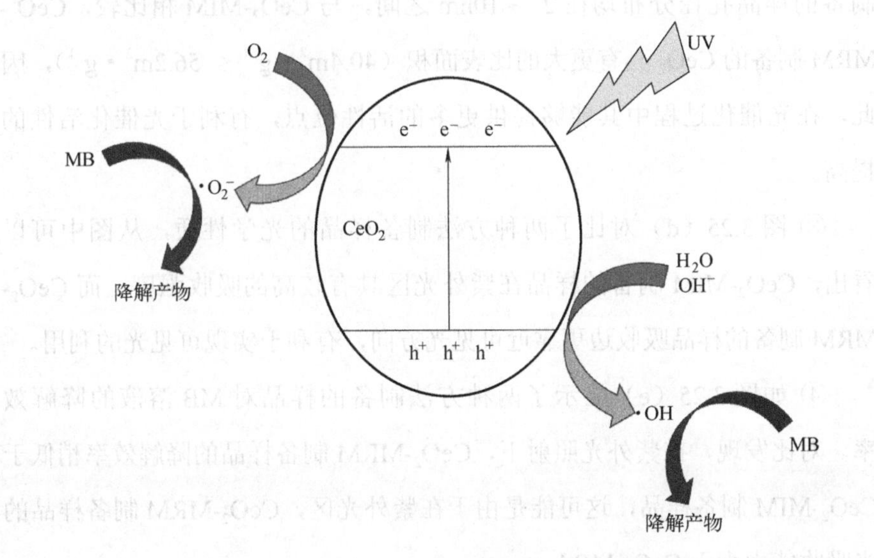

图 3.24 CeO_2-R 纳米粒子降解 MB 的机理图

3.8 微波界面法与微波回流法制备 CeO_2 的性能对比

为了对比两种不同工艺的优劣，我们将微波界面法（microwave interface method，CeO_2-MIM）与微波回流法（microwave reflux method，CeO_2-MRM）制备样品的性能进行了对比。

① 图 3.25（a）和（b）分别为不同方法制备样品的 SEM 图。很明显，图 3.25（a）中 CeO_2-MIM 制备的样品分散性较差，颗粒大小不够均匀，呈现团聚的球形形貌。图 3.25（b）中 CeO_2-MRM 制备的样品展现规则的菱面体形形貌，不仅颗粒大小比较均匀，而且分散性较好。研究表明，光催化剂的形貌对其光催化活性有着较大的影响，分散性良好的粒子可以提高光的捕获能力从而促进光生电子 - 空穴对的产生。

② 从图 3.25（c）中可以发现，CeO_2-MIM 和 CeO_2-MRM 两种方法制得 CeO_2 的 N_2 吸附 - 脱附等温线均为Ⅳ型，迟滞回环分别为 H3 和 H4 型，均表示样品中具有介孔结构。图 3.25（c）的内插图显示，两种方法制备的样品孔径分布均在 2 ～ 10nm 之间。与 CeO_2-MIM 相比较，CeO_2-MRM 制备的 CeO_2 具有更大的比表面积（$40.4m^2 \cdot g^{-1} < 56.2m^2 \cdot g^{-1}$），因此，在光催化过程中其能够提供更多的活性位点，有利于光催化活性的提高。

③ 图 3.25（d）对比了两种方法制备样品的光学性质，从图中可以看出，CeO_2-MIM 制备的样品在紫外光区具有较高的吸收强度，而 CeO_2-MRM 制备的样品吸收边更靠近可见光方向，有利于实现可见光的利用。

④ 如图 3.25（e）显示了两种方法制备的样品对 MB 溶液的降解效率。对比发现，在紫外光照射下，CeO_2-MRM 制备样品的降解效率稍低于 CeO_2-MIM 制备样品，这可能是由于在紫外光区，CeO_2-MRM 制备样品的光吸收能力小于 CeO_2-MIM。

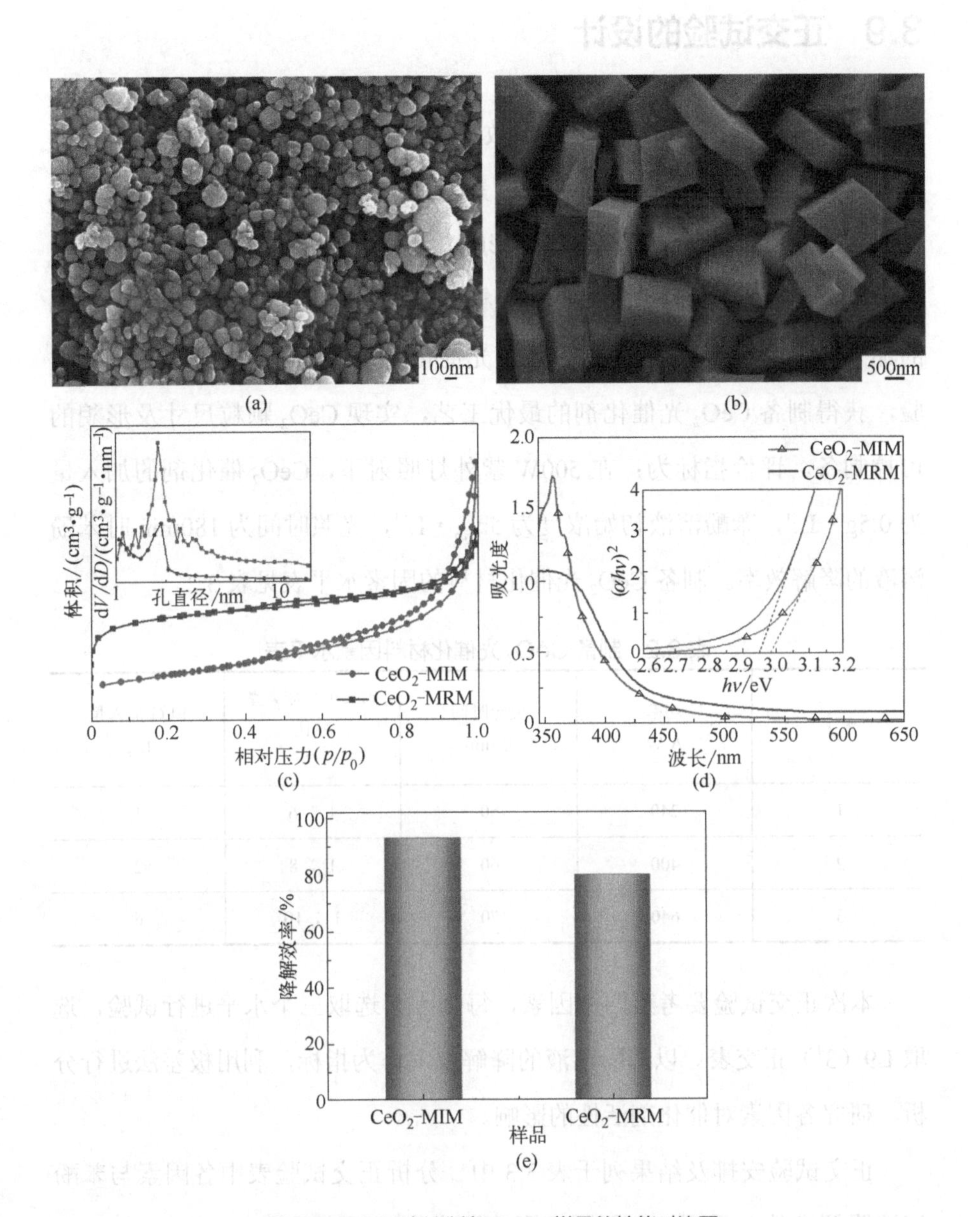

图 3.25　不同方法制备 CeO_2 样品的性能对比图

(a)、(b) SEM；(c) BET；(d) DRS 及 $(\alpha h\nu)^2$ 与光子能量 $h\nu$ 关系曲线图（内插图）；
(e) 降解效率

综上，微波回流法制备的 CeO_2 样品具有规则的形貌、较大的比表面积和较长的吸收边，因此微波回流法是制备 CeO_2 粒子的较优方案。

3.9 正交试验的设计

在诸多制备方法中，研究者多数集中在对 CeO_2 制备条件中某一方面的改良，没有对 CeO_2 制备的影响因素进行系统的研究。为了系统地研究反应条件对所制备光催化剂性能的影响，我们利用正交试验系统地研究了微波功率、反应时间、硝酸铈与沉淀剂尿素摩尔比以及表面活性剂 PEG 的加入量等因素对 CeO_2 材料形貌及光催化性能的影响，并通过单因素实验，获得制备 CeO_2 光催化剂的最优工艺，实现 CeO_2 颗粒尺寸及形貌的可控制备。评价指标为：在 500W 紫外灯照射下，CeO_2 催化剂的加入量为 $0.5g \cdot L^{-1}$，苯酚溶液初始浓度为 $5mg \cdot L^{-1}$，光照时间为 180min 时苯酚溶液的降解效率。制备 CeO_2 光催化材料的因素水平表见表 3.2。

表 3.2 制备 CeO_2 光催化材料因素水平表

水平	功率 A/W	反应时间 B/min	硝酸铈与尿素摩尔比 C	PEG 加入量 D/g
1	240	50	1 ∶ 6	1
2	400	60	1 ∶ 8	2
3	640	70	1 ∶ 10	6

本次正交试验要考察四个因素，每个因素选取三个水平进行试验，选取 L9（3^4）正交表。以苯酚溶液的降解效率作为指标，利用极差法进行分析，研究各因素对催化剂活性的影响。

正交试验安排及结果列于表 3.3 中。分析正交试验表中各因素与苯酚溶液降解率的关系可知，四因素影响顺序为：反应时间 B ＞ PEG 加入量 D ＞硝酸铈与尿素摩尔比 C ＞功率 A，最佳工艺条件为 $A_2B_1C_1D_3$，即反应时间为 50min，PEG 的加入量为 6g，硝酸铈与尿素的摩尔比为 1 ∶ 6，微波辐射功率为 400W 时，合成样品的催化性能最佳。

表 3.3 正交试验安排及相应结果表

试验号	功率 A	反应时间 B	硝酸铈与尿素摩尔比 C	PEG 加入量 D	降解效率 /%
1	1	1	1	1	8.25
2	1	2	2	2	1.09
3	1	3	3	3	0.53
4	2	1	2	3	20.99
5	2	2	3	1	0.42
6	2	3	1	2	6.11
7	3	1	3	2	3.61
8	3	2	1	3	11
9	3	3	2	1	1.22
均值 1	3.29	10.95	8.453	3.297	
均值 2	9.173	4.17	7.767	3.603	
均值 3	5.277	2.62	1.52	10.84	
极差	5.883	8.33	6.933	7.543	

3.10 单因素优化实验

对硝酸铈与沉淀剂尿素摩尔比进行单因素优化实验。微波回流法制备 CeO_2 粒子的步骤如下：将 10mmol Ce（NO_3）$_3$•6H_2O，6g 聚乙二醇（6000）和70mmol尿素溶解在100mL去离子水中，用磁力搅拌器搅拌30min。之后，将其转移到 250mL 烧瓶中进行微波回流反应。微波处理 60min 后，反应生成沉淀。产品离心收集，在烘箱中 60℃烘 12h，之后于马弗炉 500℃煅烧 2h，得到 CeO_2-4 样品。同样条件，改变硝酸铈与尿素的摩尔比分别为

1：4，1：5，1：6，1：8，制备其他 CeO_2 样品。命名为 CeO_2-1、CeO_2-2、CeO_2-3、CeO_2-5。以二氧化铈对苯酚溶液的降解能力来评价样品的光催化性能，具体过程如下：光源为 500W 汞灯。量取 5mg·L^{-1} 的苯酚溶液 300mL，加入 150mg 的光催化剂。照射前，将悬浮液在黑暗环境中磁力搅拌 30min，以保证吸附 - 脱附平衡。开始照射后，每小时取样 4mL，离心除去光催化剂。随后，在 272nm 处测定溶液吸光度。降解率的计算公式为 $\eta=(A_0-A_t)/A_0\times100\%$，其中 A_0 为初始浓度时苯酚溶液的吸光度，A_t 为光照时间为 t 时苯酚溶液的吸光度。

3.10.1 物相及结构分析

图 3.26（a）是不同尿素添加量下制备的 CeO_2 粒子的 XRD 图谱。从图中可以观察到，二氧化铈的衍射峰出现在 28.5°，33.1°，47.5° 和 56.4°，分别对应于面心立方结构的（1 1 1），（2 0 0），（2 2 0）和（3 1 1）晶面。这些衍射峰均与立方萤石结构的二氧化铈标准卡片（JCPDS No. 75-0076）一一对应且无杂峰，说明所得产物为单一的二氧化铈晶体。图谱中尖锐的衍射峰，说明所制备的二氧化铈纳米粒子具有较好的结晶性。

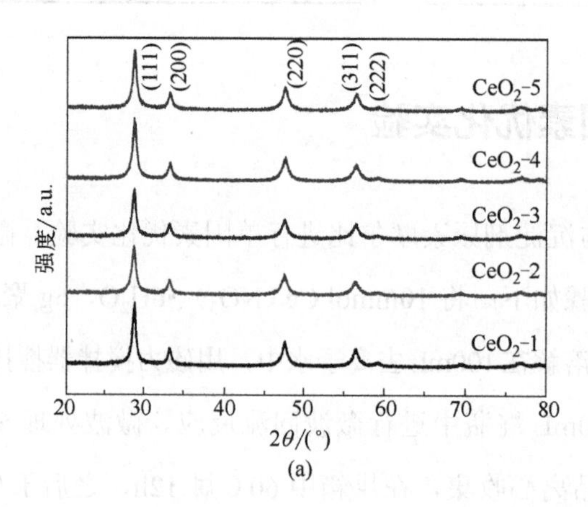

(a)

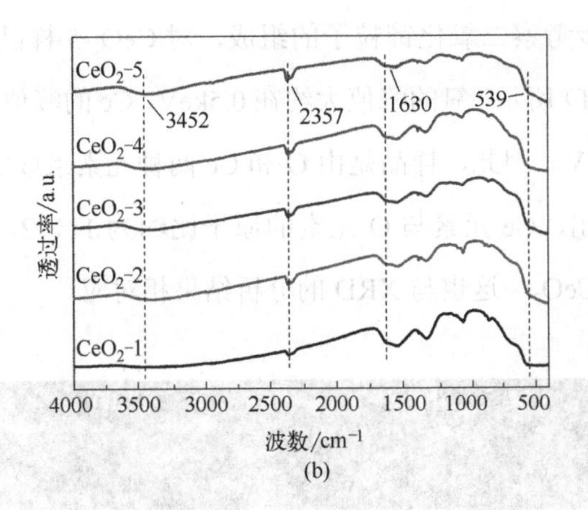

图 3.26　不同尿素添加量下制备的 CeO_2 粒子的 XRD 图及 IR 光谱图

（a）XRD 图；（b）IR 光谱图

图 3.26（b）是不同尿素添加量下制备的二氧化铈粒子的红外吸收光谱图。图谱中位于 $3452cm^{-1}$、$1630cm^{-1}$ 处的吸收峰，分别为样品吸附的水分子中—OH 的伸缩振动和弯曲振动峰[176]。位于 $539cm^{-1}$ 处的吸收峰为 Ce—O 键的伸缩振动峰[177]。位于 $2357cm^{-1}$ 处的吸收峰为空气中 CO_2 的 C═O 伸缩振动峰[178，179]。

3.10.2　微观形貌及比表面积分析

图 3.27（a）～（e）为不同尿素添加量下制备的 CeO_2 粒子的扫描电镜图。从图 3.27 中可以看出，不同条件下得到的二氧化铈粒子的形貌均为菱形块状。随着尿素添加量的增多，菱形块体的尺寸先增大后变小。当硝酸铈与尿素物质的量比为 1 ∶ 7 时，所得 CeO_2-4 粒子尺寸最小且分散相对均匀。但当继续增加尿素的量，菱形块又出现较明显的团聚。可见，二氧化铈形貌受尿素添加量的影响很大，合适的尿素量有利于形成尺寸较小且分布均匀的菱形块。

为了进一步考察二氧化铈粒子的组成，对 CeO_2-5 样品进行了 EDS 测试，如图 3.27（f）所示，氧的峰值大约在 0.5keV，Ce 的峰值分别在 0.9keV、4.9keV 和 6.0keV。因此，样品是由 O 和 Ce 两种元素组成的。由图中元素含量表可以看出，Ce 元素与 O 元素的原子比约为 1 ∶ 2，进一步证明所制得的样品为 CeO_2，这也与 XRD 的分析结果相对应。

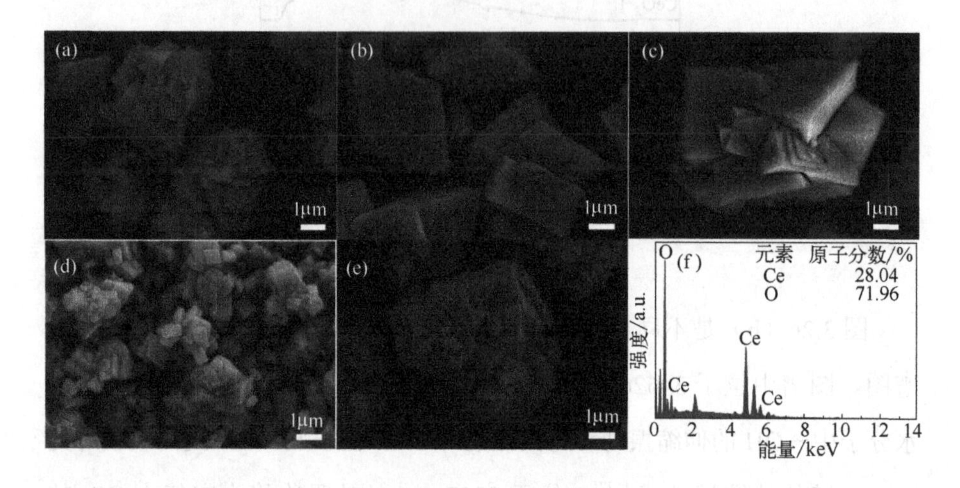

图 3.27 样品的 SEM 图

（a）CeO_2-1，（b）CeO_2-2，（c）CeO_2-3，（d）CeO_2-4，
（e）CeO_2-5 及 CeO_2-5 样品的 EDS 图（f）

样品 CeO_2-3、CeO_2-4、CeO_2-5 在光催化降解苯酚溶液时，降解效率呈现出先增大后减小的山峰形状，因此，选取这 3 个样品进行比表面积测试。图 3.28 是 CeO_2-3、CeO_2-4、CeO_2-5 样品的 N_2 吸附 - 脱附等温线及孔径分布图。按照国际 IUPAC 的分类 [166]，三个样品的吸附 - 脱附等温线均为Ⅳ型等温线，呈现出 H3 滞后回线，均为典型介孔结构的吸附等温线，见图 3.28（a）。通过 BET 法计算得到了所制备样品的比表面积，分别为 $76.64m^2 \cdot g^{-1}$、$82.04m^2 \cdot g^{-1}$、$63.39m^2 \cdot g^{-1}$。从计算结果可以看出，随着尿素添加量的增大比表面积先增大后减小，其中 CeO_2-4 样品的比表面积最大。通常较大的比表面积能够提高催化剂的受光面积，使催化剂表面有

更多的活性位点，从而提高其光催化活性。根据 BJH 方程计算得到的孔径分布图见图 3.28（b），从图中可以看出三个样品的孔径均集中分布在 3~7 nm 之间，这些孔径可能是由 CeO_2 菱形块体的交错堆叠形成的。

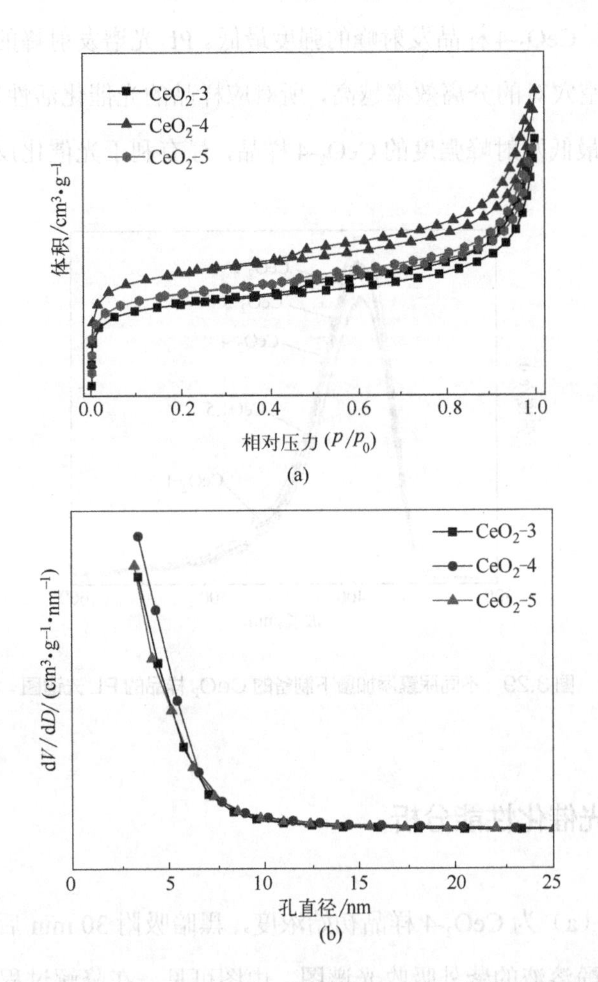

图 3.28　CeO_2-3、CeO_2-4、CeO_2-5 样品的 N_2 吸附 - 脱附等温线及孔径分布图

（a）N_2 吸附 - 脱附等温线；（b）孔径分布图

3.10.3　光学性质分析

PL 光谱经常用于研究电荷载流子的捕获、迁移及转移能力，从而分

析电子 - 空穴对的分离效率。图 3.29 为所制备样品的 PL 光谱图，激发波长为 242 nm。从图 3.29 中可以看出，不同尿素添加量下得到的样品均呈现出较宽的发射峰，发射峰位置相近，大约在 350 ～ 450nm，但是发射峰的强度不同。CeO_2-4 样品发射峰的强度最低。PL 光谱发射峰的强度越低，说明电子 - 空穴对的分离效率越高，所对应样品的光催化活性也越强 [180]。因此，具有最低发射峰强度的 CeO_2-4 样品，最有利于光催化反应的进行。

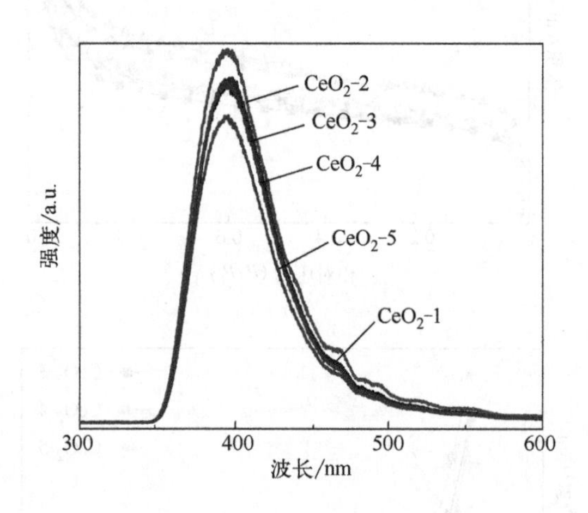

图 3.29　不同尿素添加量下制备的 CeO_2 样品的 PL 光谱图

3.10.4　光催化性能分析

图 3.30（a）为 CeO_2-4 样品初始浓度，黑暗吸附 30 min 后以及不同降解时间时苯酚溶液的紫外吸收光谱图。由图可见，在降解过程中苯酚溶液的吸光度随光照时间的增加而逐渐减小。图 3.30（b）为在紫外光照射下，所制备 CeO_2 粒子光催化降解苯酚溶液的降解效率图。从图 3.30（b）中可以看出，在紫外光的照射下，不同 CeO_2 粒子的光催化活性随尿素添加量的增大，呈现山峰的形状。当硝酸铈与尿素物质的量比为 1 ∶ 7 时，具有较小菱形尺寸且分布均匀的 CeO_2-4 样品的光催化活性最高。这是由该

样品的比表面积最大，在光催化反应过程中可以提供更多的活性位点造成的。另外，CeO_2-4 样品具有最高的光催化活性与 PL 光谱分析结果一致。这证明了电子 - 空穴对的分离效率也是影响光催化活性的重要因素。因此，CeO_2-4 样品具有最佳的光催化活性，应该归功于较大比表面积及较高电子 - 空穴对分离效率的协同作用。

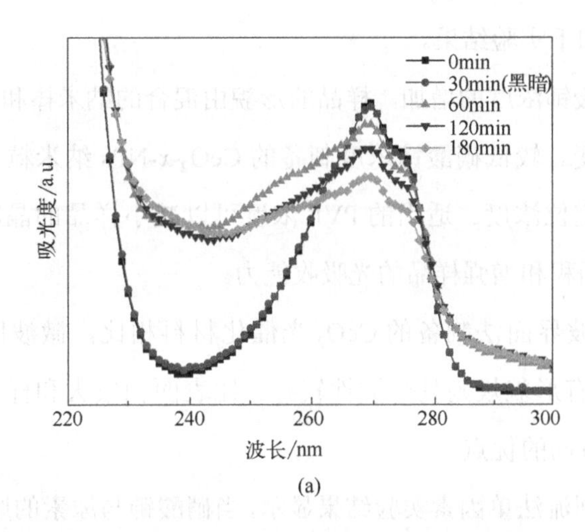

(a)

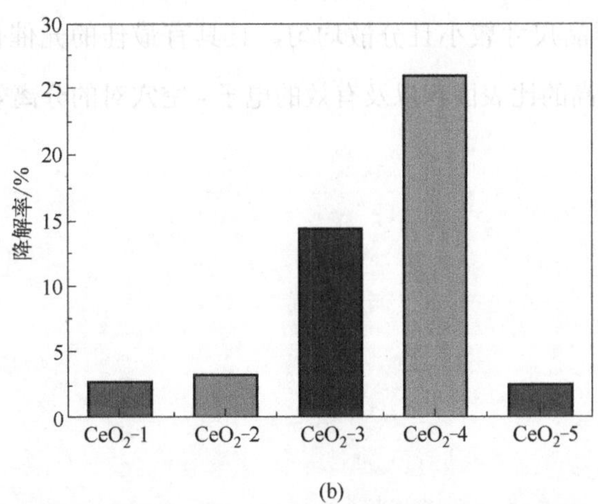

(b)

图 3.30 （a）苯酚溶液随时间变化的紫外吸收光谱图及（b）紫外光照射下不同 CeO_2 样品对苯酚溶液的降解图

3.11 小结

在本章中，采用微波加热与气液扩散技术相结合的微波界面法制备了纳米棒及纳米球形貌的 CeO_2 光催化材料。同时，采用微波加热与均相沉淀法相结合的微波回流法制备了菱面体形貌的 CeO_2 粒子。考察了硝酸铈浓度以及表面活性剂（PVP）的加入量对样品结构、形貌和光催化活性的影响。得到如下实验结果。

① 随硝酸铈浓度的增加，样品的形貌由混合的纳米棒和纳米球向团聚的纳米球转变。较低硝酸铈浓度制备的 CeO_2-*x*-NPs 纳米粒子具有较高比表面积和氧空位浓度。适当的 PVP 浓度可以减小样品的晶粒尺寸，增加样品的比表面积和增强样品的光吸收能力。

② 与微波界面法制备的 CeO_2 光催化材料相比，微波回流法制备的 CeO_2 样品具有形貌规则且分散性较好、比表面积较大和样品的吸收边更靠近可见光方向的优点。

③ 微波回流法单因素实验结果显示，当硝酸铈与尿素的摩尔比为1 ∶ 7时，CeO_2-4 样品尺寸较小且分散均匀，且具有最佳的光催化活性，这是由于其具有较高的比表面积以及有效的电子 - 空穴对的分离效率。

第4章

CuO/CeO_2复合材料的制备及其光催化性能的研究

4.1　概述

光催化技术作为一种先进的高级氧化技术，是有机废水处理领域最有发展前景的修复手段之一。稀土氧化物 CeO_2 具有较高的耐化学腐蚀性、耐光腐蚀性、较强的紫外光吸收能力，同时，CeO_2 中存在 Ce^{4+}/Ce^{3+} 的氧化还原循环，这些特殊的性质使得其在光催化处理有机废水的领域有着广泛的应用[183，184]。但 CeO_2 具有较宽的禁带宽度，光生载流子复合效率较高，这制约了其光催化性能。为了减小其带隙，提高光生载流子的分离效率，可以选用具有合适带隙的 p 型半导体与二氧化铈进行复合，构建新型 p-n 异质结结构达到调控带隙宽度，促进光生载流子分离的目的。

CuO 作为一种 p 型半导体材料，具有良好的可见光吸收能力、稳定的物理化学性质及低成本等特点，常常被用来与宽带隙半导体进行复合改性，从而提高复合材料的光吸收能力和电子 - 空穴对的分离效率。本章选用 CuO 颗粒修饰 CeO_2，利用常压微波回流技术，通过均相沉淀法制备了 CuO/CeO_2 复合材料，在 CuO/CeO_2 的表面成功构建了 p-n 型异质结，旨在提升 CeO_2 的光催化性能。表征了所制备材料的形貌及结构，将所制备的 CeO_2 及复合材料 CuO/CeO_2 用于光催化降解 MB 溶液研究其光催化活性。利用自由基捕获实验，确定了光催化降解过程中的活性物种，并推测了 CuO/CeO_2 复合材料光催化活性增强的可能机理。最后，计算异质结 CuO/CeO_2 的能带位置偏移，对异质结的形成进行了进一步的验证。

4.2　CuO/CeO_2 复合材料的制备

以硝酸铈、硝酸铜为铈源和铜源，尿素做沉淀剂，PVP 做表面活性剂，采用常压微波回流法合成复合材料 x-CuO/CeO_2（x=1/2、1/3、1/4 和 1/6，x 为 Cu 元素与 Ce 元素的摩尔比）。具体实验方法如下：首先将 10mmol 硝酸铈、5mmol 硝酸铜、2g PVP 和 60mmol 尿素溶解在 100mL 去离子水中，将盛有该溶液的烧杯置于磁力搅拌器上，搅拌约 10min 后所加入的试剂完全溶解。之后，将溶液转移至 250mL 的圆底烧瓶中，在微波条件下回流 60min。将生成的沉淀离心、清洗、收集，然后放入 60℃的电热恒温鼓风干燥箱内烘 12h。之后将得到的粉末在马弗炉中煅烧 2h（升温速率 5℃ /min，保温温度 500℃），得到 x-CuO/CeO_2 复合材料，命名为 1-2Cu/Ce。其余复合材料的合成方法与上述过程相同，只是改变 Cu 元素与 Ce 元素摩尔，比分别为 1/3、1/4 和 1/6，对应 x-CuO/CeO_2 复合材料命名为 1-3Cu/Ce、1-4Cu/Ce 和 1-6Cu/Ce。

4.3　CuO/CeO_2 复合材料结构特性研究

4.3.1　物相及结构分析

图 4.1 展现了 CeO_2 及 x-CuO/CeO_2 复合材料的 XRD 衍射图谱。用梅花形标注的 2θ 角在 28.5°、33.1°、47.5°、56.4°和 59.1°处的衍射峰，分别对应立方萤石结构 CeO_2 的（111）、（200）、（220）、（311）和（222）晶面[116]（JCPDS No.34-0394）。用菱形标注的衍射峰，2θ 角分别在 35.5°、38.7°处，对应单斜相的 CuO。值得注意的是，在 1-4Cu/Ce 和 1-6Cu/Ce 样品中，没有对应 CuO 物相的衍射峰，这是因为掺杂 Cu 量较低，Cu 物种以离子的形式掺杂到 CeO_2 的晶格，或者以细小的 CuO 团簇

的形式分散在 CeO_2 表面，没有改变 CeO_2 的物相结构[185]。文献也报道过类似的现象。Avgouropoulos 等[186，187]报道 CeO_2/CuO（15% CuO）样品中 CuO 峰的缺失是由于 Cu^{2+} 加入 CeO_2 晶格形成了固溶体。随着 Cu 含量的增加，在 1-2Cu/Ce 和 1-3Cu/Ce 样品中，出现两个明显的对应 CuO 物相的衍射峰，这说明进入 CeO_2 晶格中的 Cu 离子达到了饱和状态，多余的 Cu 以 CuO 物相析出[188]，并且随着 CuO 含量的增加，对应衍射峰的强度逐渐增强。在图 4.1 的内插图中可以观察到，与纯 CeO_2 相比，CuO/CeO_2 复合材料对应（111）晶面的衍射峰向大角度方向移动，说明 Cu 离子成功掺杂到 CeO_2 晶格中。另外，1-3Cu/Ce 样品的 XPS 全谱分析也验证了其是由 Cu、Ce 和 O 三种元素组成的。

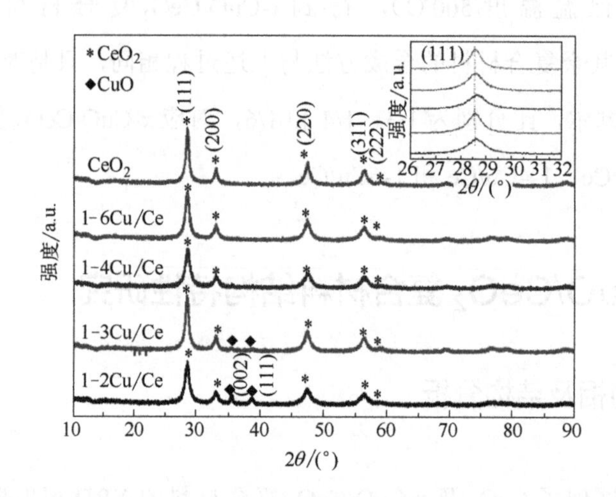

图 4.1　纯 CeO_2 及 x-CuO/CeO_2 复合材料的 XRD 图

图 4.2 显示了微波回流法制备的 x-CuO/CeO_2 复合材料在 4000～400cm^{-1} 范围内采集的 FT-IR 光谱图。位于 3423cm^{-1} 处的宽频带对应 O—H 键的伸缩振动，波数在 1634cm^{-1} 处的吸收峰属于 H—O—H 弯曲振动模式，这表明 x-CuO/CeO_2 复合材料中存在吸附的水分子[176]。样品在 2374cm^{-1} 处出现的弱吸收峰，可能是由大气中的 CO_2 吸附在样品上所致[179]。

在 664cm^{-1}、534cm^{-1} 处观察到的峰分别对应 *x*-CuO/CeO_2 复合材料中 Cu—O 键伸缩振动和 Ce—O 键伸缩振动 [177]。Cu—O 和 Ce—O 键特征峰的出现证明成功地制备了 *x*-CuO/CeO_2 复合材料，这也与 XRD 结果相吻合。

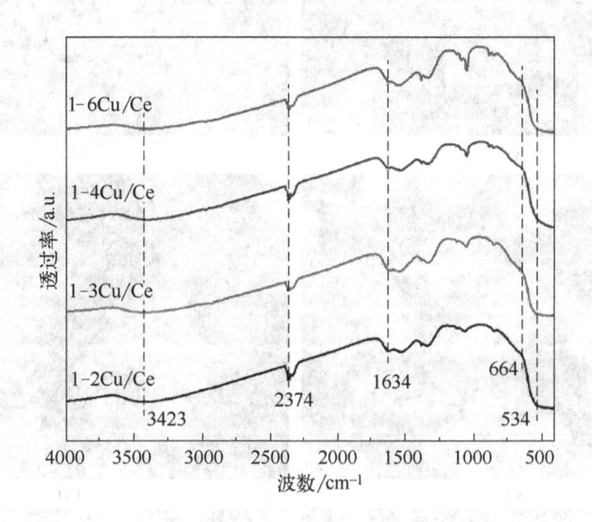

图 4.2　复合材料 *x*-CuO/CeO_2 的 FT-IR 光谱图

4.3.2　微观形貌及比表面积分析

纯 CeO_2 及 *x*-CuO/CeO_2 复合材料的 SEM 图如图 4.3 所示。从图中可以看出，采用微波回流法制备的纯 CeO_2 形貌为规则的菱面体形。当 CuO 与 CeO_2 复合后，*x*-CuO/CeO_2 复合材料中 CeO_2 的形貌由菱面体完全转变成多面体形，CuO 呈现规则的球形，且均匀地分散在多面体之间。而 Wang 等 [189] 采用燃烧法制备的 CuO/CeO_2 复合材料分散性较差，团聚严重，呈现不规则的块状形貌，见图 4.3（f）。分散良好的 CuO 与 CeO_2 具有较强的界面作用，能够促进 *x*-CuO/CeO_2 复合材料表面光生载流子的转移，有利于其光催化活性的提高。此外，随着 Cu 元素与 Ce 元素摩尔比的增加，分散在多面体之间的 CuO 球的数量也随之增加，这与 XRD 图谱中 CuO

图 4.3 纯 CeO_2 及 x-CuO/CeO_2 复合材料的 SEM 图

（a）CeO_2；（b）1-2Cu/Ce；（c）1-3Cu/Ce；（d）1-4Cu/Ce；（e）1-6Cu/Ce；（f）CuO/CeO_2[189]

衍射峰强度增强的趋势相一致。

为了更深入地观察 1-3Cu/Ce 样品的微观结构，我们进一步获得了 1-3Cu/Ce 样品的 TEM 图像。从图 4.4（a）可以明显地看出，1-3Cu/Ce 样品的 TEM 图像中包含两种形貌，一种是球形，另一种是多面体形。图 4.4

（b）HRTEM图像中的晶格条纹清晰可见，晶面间距分别为0.23nm和0.19nm，它们分别对应于CuO的（111）和CeO_2的（220）晶面。另外，CuO和CeO_2之间的接触界面也可以从HRTEM图像中清晰地观察到。二者的紧密接触有利于形成电子传输通道，从而提升1-3Cu/Ce样品的光催化活性。

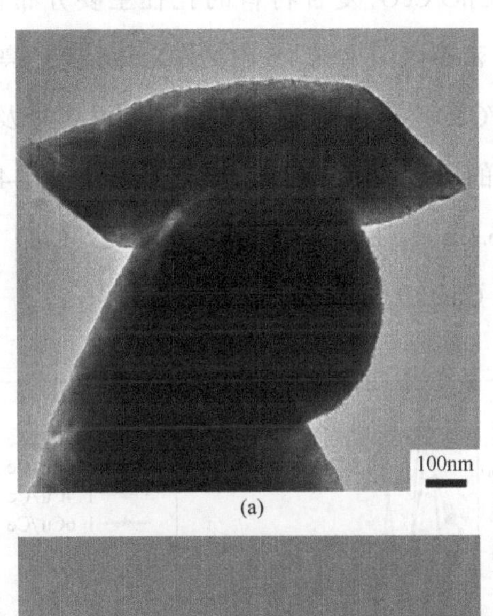

(a)

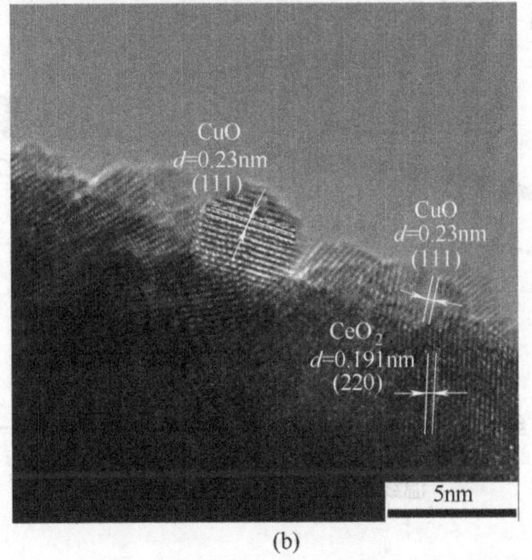

(b)

图4.4　1-3Cu/Ce样品的TEM和HRTEM图

（a）TEM图；（b）HRTEM图

图 4.5 显示所制备的纯 CeO_2 及 x-CuO/CeO_2 复合材料均呈现出Ⅳ型等温线 H4 型迟滞回环。这反映出样品中存在介孔，其孔隙是由样品颗粒间的堆叠而产生的。除了 1-2Cu/Ce 样品，CuO 的引入均增大了 x-CuO/CeO_2 复合材料的比表面积。随着 CuO 含量的增加，复合材料的比表面积逐渐减小，说明加入过量的 CuO 不利于比表面积的增加，这与之前的报道一致 [190]。x-CuO/CeO_2 复合材料的孔径主要分布在 2 ～ 10nm 间，在介孔 2 ～ 50nm 范围内，见图 4.5 内插图，该结果与等温线结果相符。纯 CeO_2 及 x-CuO/CeO_2 复合材料的比表面积、孔半径及孔容积数值列于表 4.1。1-3Cu/Ce 的比表面积（62.3$m^2 \cdot g^{-1}$）略小于 1-4Cu/Ce、1-6Cu/Ce（64.5$m^2 \cdot g^{-1}$、66.1$m^2 \cdot g^{-1}$）。因此可得出结论，CuO 与 CeO_2 复合后，并没有显著提高 x-CuO/CeO_2 复合材料的比表面积。

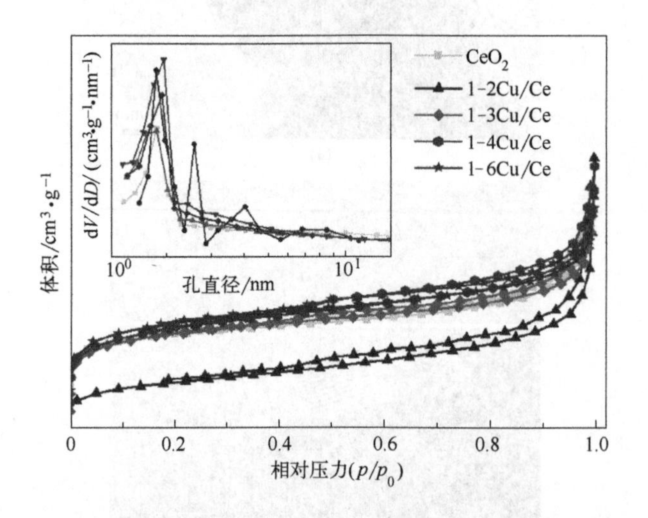

图 4.5　纯 CeO_2 及 x-CuO/CeO_2 复合材料的 N_2 吸附 - 脱附等温线及孔径分布图（内插图）

表 4.1　纯 CeO_2 及 x-CuO/CeO_2 复合材料的比表面积、孔容积及孔半径表

样品	比表面积 /$m^2 \cdot g^{-1}$	孔容积 /$cm^3 \cdot g^{-1}$	平均孔半径 /nm
CeO_2	56.2	0.042	6.41

续表

样品	比表面积 /$m^2 \cdot g^{-1}$	孔容积 /$cm^3 \cdot g^{-1}$	平均孔半径 /nm
1-2Cu/Ce	30.7	0.073	8.60
1-3Cu/Ce	62.3	0.041	5.22
1-4Cu/Ce	64.6	0.057	5.21
1-6Cu/Ce	66.1	0.041	4.67

4.3.3 XPS 分析

利用 XPS 进一步研究了纯 CeO_2、1-2Cu/Ce、1-3Cu/Ce 和 1-6Cu/Ce 样品的化学状态和元素组成，如图 4.6 所示。在全谱扫描图 4.6（a）中只能观察到 Ce、Cu、O 和 C 元素的峰，其中 C 元素的峰来源于仪器产生的杂质碳。该结果再次验证了所制备的样品中没有其他杂质。图 4.6（b）显示了所测试样品 Ce 3d 的 XPS 能谱图，Ce 3d 轨道由于自旋轨道耦合，可以分为 $3d_{3/2}$ 和 $3d_{5/2}$ 两组（分别标记为 u 和 v），并拟合成 8 个峰。其中，标记为 u、u″、u‴、v、v″ 和 v‴ 的六个峰对应于 Ce^{4+} 的 $3d_{3/2}$ 和 $3d_{5/2}$ 价态，而标记为 u′ 和 v′ 的两个峰对应于 Ce^{3+} 的 $3d_{3/2}$ 和 $3d_{5/2}$ 价态。这个结果表明 x-CuO/CeO_2 复合材料样品表面 Ce^{4+} 和 Ce^{3+} 共存。与纯 CeO_2 对比，x-CuO/CeO_2 复合材料中 CeO_2 的结合能向增大的方向移动。XPS 图谱中峰位向高能区的移动是由局部电子云密度减小产生的 [76]，这证明了 CuO 与 CeO_2 在界面处发生了电荷转移，使 Ce^{4+} 的化学环境也发生了变化 [191]。根据式（3.1）利用峰面积计算了复合材料中 Ce^{3+} 的浓度，纯 CeO_2、1-2Cu/Ce、1-3Cu/Ce 和 1-6Cu/Ce 样品中 Ce^{3+} 的含量分别为 15.2%、20.7%、27.4% 和 16.4%。Ce^{3+} 浓度越高，表面氧空位浓度越高，复合材料的光催化活性越高。从结果中可以看到，复合材料中 Ce^{3+} 浓度均高于纯 CeO_2，而且 Ce^{3+} 的含量先增加后减少，1-3Cu/Ce 样品中的含量最高，在后面的光催化降解实验中，其光催化活性也最好，这表明高浓度的氧空位在光催化反应中发挥了重要作用。这一结果也与以往研究报道的结果一致[154，171]。

图4.6（c）为1-2Cu/Ce、1-3Cu/Ce和1-6Cu/Ce复合材料Cu 2p的XPS谱图，它们分别在结合能位置为933.1eV、953.1eV、932.7eV、952.7eV、933.1eV，以及953.1eV处出现两个特征峰，自旋轨道分裂能隙为20eV，分别对应了Cu^{2+}的Cu $2p_{3/2}$和Cu $2p_{1/2}$的典型特征峰[192]。另外，值得注意的是，在938～944eV附近出现明显的卫星峰，这是Cu^{2+}

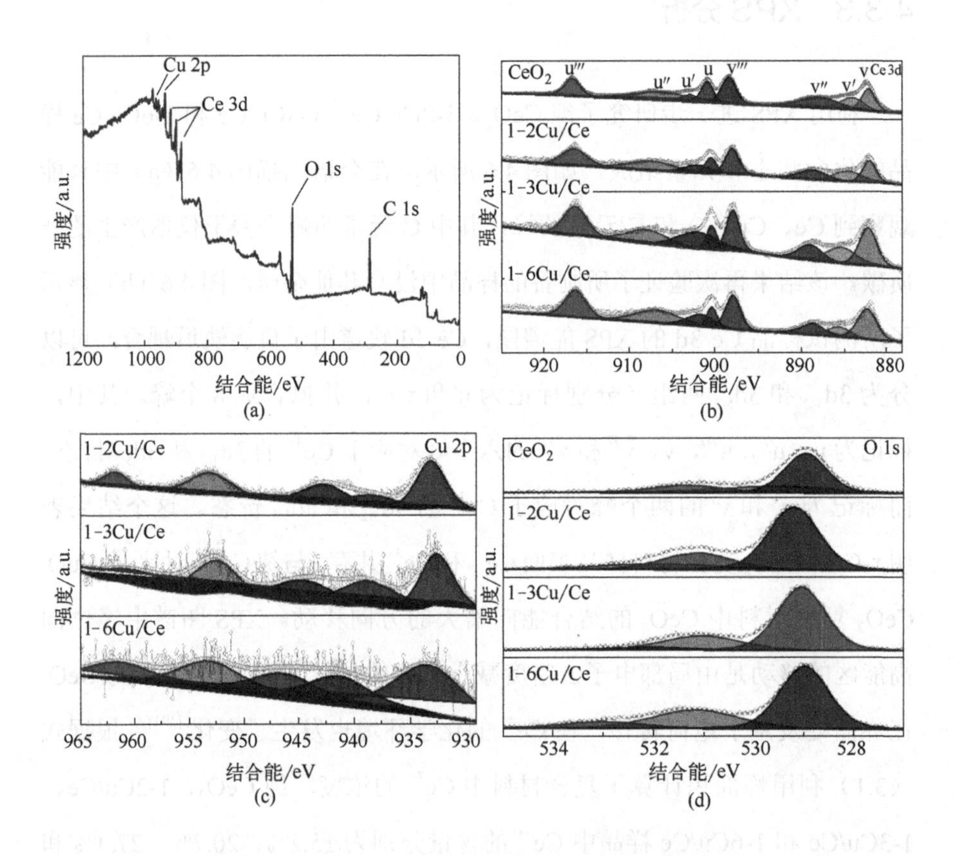

图4.6 纯CeO_2及x-CuO/CeO_2复合材料的XPS能谱图

（a）1-3Cu/Ce样品的全谱；（b）CeO_2、1-2Cu/Ce、1-3Cu/Ce和1-6Cu/Ce样品的Ce 3d图谱；（c）1-2Cu/Ce、1-3Cu/Ce和1-6Cu/Ce样品的Cu 2p图谱；（d）CeO_2、1-2Cu/Ce、1-3Cu/Ce和1-6Cu/Ce样品的O 1s图谱

的典型振动峰[193]。这说明，复合物中的 Cu 物种主要以 Cu^{2+} 存在，这与 XRD 的结果一致。复合材料 1-2Cu/Ce、1-3Cu/Ce、1-6Cu/Ce 和纯 CeO_2 中 O 1s 的 XPS 谱图如图 4.6（d）所示，所有样品的 O 1s 均可以被卷积成三个峰。复合材料 1-3Cu/Ce 中 O 1s 三个峰的结合能分别为 529.0eV、531.0eV 和 532.1eV。结合能位于 529.0eV 和 531.0eV 的峰对应晶格氧，结合能位于 532.1eV 的峰归属于样品表面的化学吸附氧[194]。

4.4　CuO/CeO_2 复合材料光催化性能与机理研究

4.4.1　光催化性能分析

图 4.7（a）～（d）为复合材料 *x*-CuO/CeO_2 紫外光照射下降解 MB 溶液的可见吸收光谱图。结果显示，MB 溶液的吸光度随光照时间的增加逐渐下降。图 4.7（e）为所制备的样品紫外光照射下光催化降解 MB 溶液随时间变化的降解效率图。与纯 CeO_2 对比，所有 *x*-CuO/CeO_2 复合材料的光催化活性均显著增强，且随 CuO 负载量的增加呈现先升高而后显著降低的趋势。光照 180 min 后，复合材料 1-3Cu/Ce 的降解效率最高，为 96.2%，而纯 CeO_2、1-2Cu/Ce、1-4Cu/Ce 和 1-6Cu/Ce 样品降解效率分别为 78.4%、80.4%、92.4% 和 85.8%。其中 1-4Cu/Ce 和 1-6Cu/Ce 样品降解 MB 溶液效率下降的原因是 CuO 的负载量较少，CuO 与 CeO_2 发生复合产生的有效异质结数量大大降低，因此使光催化活性减弱。而 1-2Cu/Ce 样品的降解效率也低于 1-3Cu/Ce 样品，原因是当 CuO 的负载量较大时，过量的 CuO 或将 CeO_2 覆盖，或自己团聚到一起，没有形成有效的异质结。另外，CuO 单体的带隙较小，产生的光生电子 - 空穴对更容易复合，从而降低了光催化性能。通过 $-\ln(A_t/A_0)$ 与辐照时间 t 的线性拟合得到拟一级动力学曲线，如图 4.7（f）所示，曲线的拟合结果说明所制备样品对

MB 溶液的光催化降解过程符合准一级动力学模型。从图中数据可以看出，1-3Cu/Ce 样品的 MB 降解速率约是纯 CeO_2 的 2.7 倍。光催化效率的提高可能是由于 p-n 型异质结的形成促进了 x-CuO/CeO_2 界面上电子的快速转

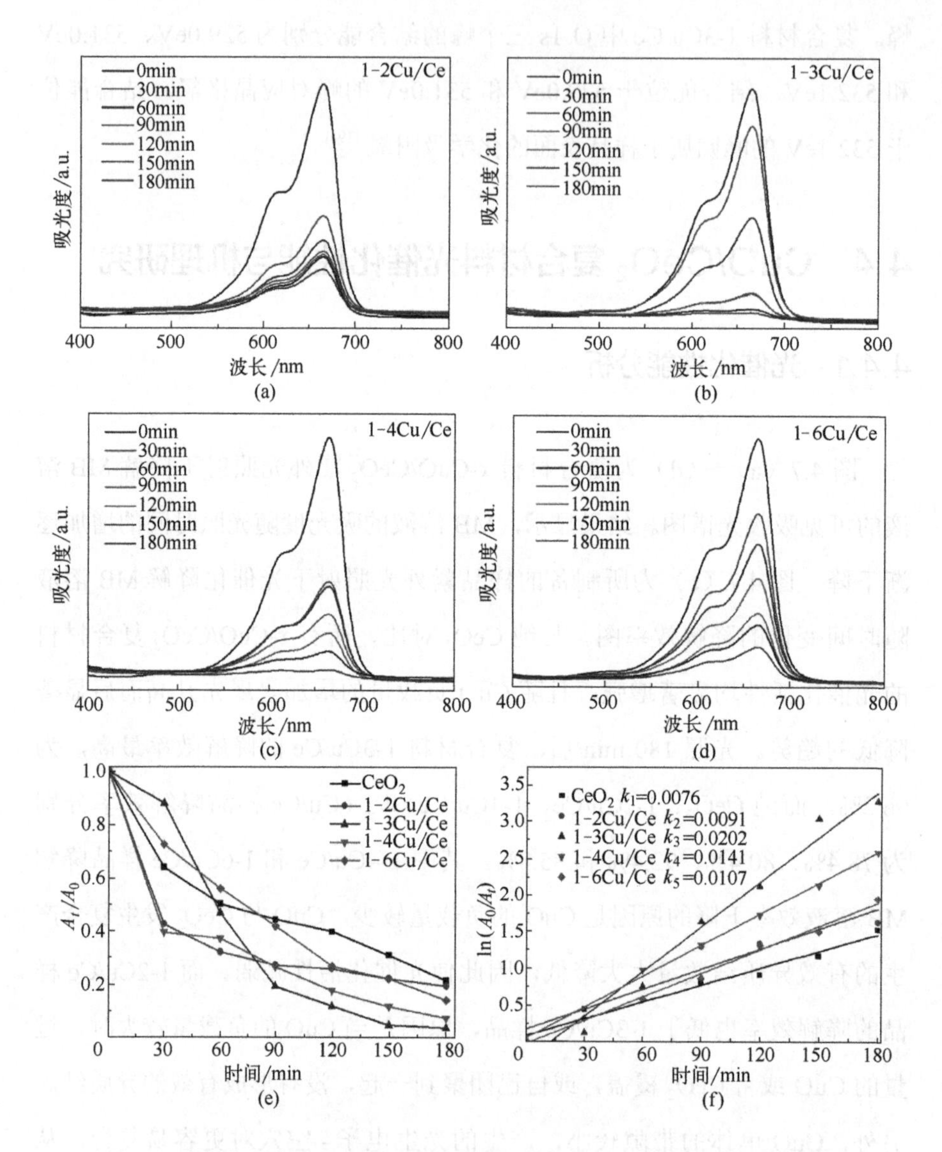

图 4.7 紫外光下纯 CeO_2 及 x-CuO/CeO_2 样品降解 MB 溶液的光催化性能图

(a)～(d) 不同光照时间下 x-CuO/CeO_2 对 MB 溶液的可见吸收光谱；(e) 纯 CeO_2 及 x-CuO/CeO_2 样品对 MB 溶液的降解效率；(f) 对应的拟一级动力学曲线

移，减少了电子 - 空穴对的复合。因此，CuO 与 CeO_2 之间较强的协同作用，显著促进了 x-CuO/CeO_2 催化性能的提升。

4.4.2　光催化机理分析

一般来说，光催化剂的性能在很大程度上取决于它们的光学活性。因此，用 UV-vis DRS 光谱研究了所制备催化剂的光学吸收性能。图 4.8（a）给出了纯物质和 x-CeO_2/CuO 复合材料的 DRS 光谱。纯 CeO_2 在 400nm 以下出现强的吸收带，这与之前的报道一致。与纯 CeO_2 相比，所有的 x-CeO_2/CuO 复合材料对紫外光和可见光都有明显的响应，CuO 的引入极大地提高了 x-CeO_2/CuO 复合材料在 400 ～ 800nm 范围的吸收强度，且吸收边略有红移。这表明 x-CeO_2/CuO 复合材料比纯 CeO_2 具有更好的光吸收性能，具有更优的光催化活性。这可能是由于 CuO 的复合调控了样品的带隙，从而增强了其光吸收能力。另外，在大约 430nm 处有一个肩峰，这一般与缺陷能级相关。从图中可以看出加入 Cu 元素后，x-CuO/CeO_2 复合材料的肩峰变宽并增强，表明 Cu 的加入增加了 x-CuO/CeO_2 复合材料中的缺陷浓度 [195]。缺陷浓度的增加有利于促进光生电子 - 空穴对的分离，从而提高样品的光催化活性。

利用紫外 - 可见漫反射光谱可以估计所制备样品的禁带宽度（E_g），具体见式（2.2）。所制备样品的（$\alpha h\nu$）^{2} 与 $h\nu$ 关系的曲线如图 4.8(b）所示。外推曲线的线性部分，可以得到纯 CeO_2、CuO、1-2Cu/Ce、1-3Cu/Ce、1-4Cu/Ce 和 1-6Cu/Ce 的带隙值分别为 2.95eV、1.85eV、2.51eV、2.46eV、2.67eV 和 2.82eV。因此，x-CeO_2/CuO 复合材料的带隙值均小于纯 CeO_2，带隙值的减小可以归因于异质结复合材料的形成 [196]。

在光催化领域，PL 光谱发射峰的强度与光生电子和空穴的复合相关。一般认为，较高的 PL 强度对应于较快的光生电子 - 空穴复合速率。较低

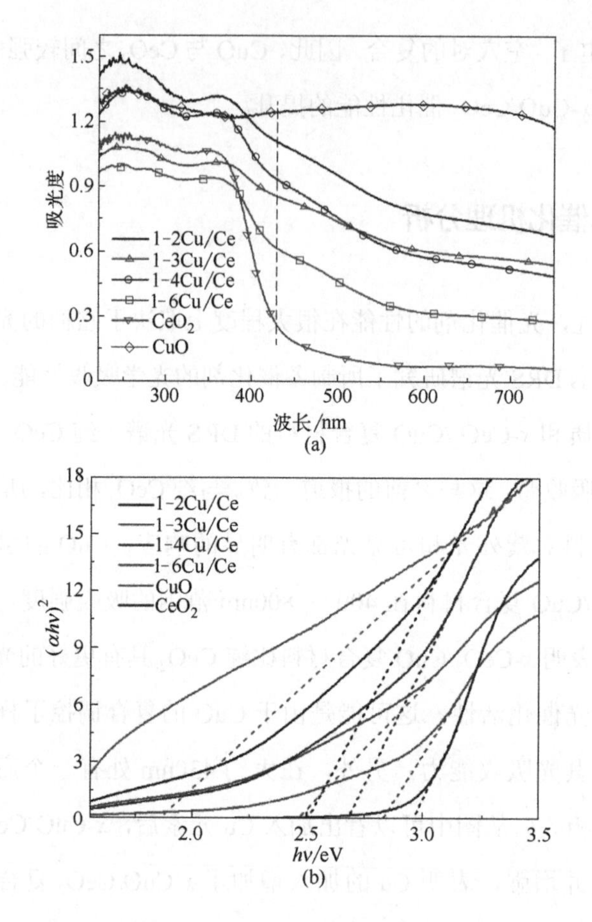

图 4.8 纯物质及 x-CuO/CeO_2 复合材料的 DRS 光谱图及（$\alpha h\nu$）^{2} 与光子能量 $h\nu$ 关系曲线图

（a）纯 CeO_2、CuO 及 x-CuO/CeO_2 复合材料的 DRS 光谱图；
（b）与 DRS 对应的（$\alpha h\nu$）^{2} 与光子能量 $h\nu$ 关系曲线

的 PL 强度则证明电子 - 空穴对的复合得到了有效的抑制，这意味着更长的光生电子寿命和更高的光催化活性 [180, 197]。图 4.9 为合成的 x-CuO/CeO_2 复合材料及 CeO_2 样品在 243nm 下激发产生的 PL 光谱，它们发射峰的位置均在 380 ～ 550nm 范围内。纯 CeO_2 的 PL 光谱在 422nm 附近有较强的发射峰，说明电子 - 空穴对的复合较快。x-CuO/CeO_2 复合材料的 PL 强度明显减弱，证明光生电子 - 空穴对得到有效分离，这是因为 CeO_2 和 CuO

之间电荷的转移促进了光生载流子的迁移[195]。样品 1-3Cu/Ce 的光致发光强度最低，表明该异质结的构建使 x-CuO/CeO_2 复合材料中光生电子 - 空穴对的分离效率得到了有效提高，光生电子的寿命也得到了有效延长，使其光催化性能得到了显著提升。另外，从 PL 光谱还可以发现，x-CuO/CeO_2 复合材料发射光谱的位置相比纯 CeO_2 发生了较弱的蓝移，这可能是由于 Cu 的加入使 Ce（4f）和 O（2p）之间杂质能级发生了移动[198]。这些结果表明，x-CuO/CeO_2 复合材料能够实现 CuO 与 CeO_2 之间的高效电荷转移和有效电荷分离，从而有效地提高了 x-CuO/CeO_2 复合材料的光催化活性。

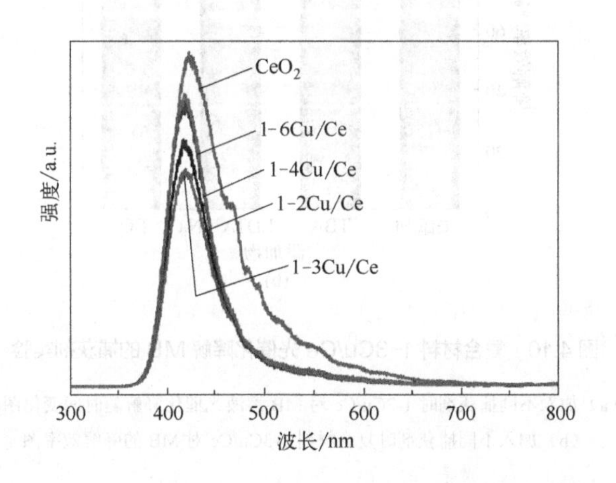

图 4.9　纯 CeO_2 及 x-CuO/CeO_2 复合材料的 PL 光谱图

为了研究所制备的 x-CuO/CeO_2 复合材料在降解 MB 溶液过程中的活性物种，在 1-3Cu/Ce 样品的降解过程中加入了 EDTA-2Na、BQ 和 TBA 等自由基捕获剂，分别作为 h^+、$\cdot O_2^-$ 和 ·OH 的捕获剂。图 4.10 展示了不同捕获剂存在时，1-3Cu/Ce 样品降解 MB 的活性变化。加入 EDTA-2Na 和 TBA 后，1-3Cu/Ce 样品降解 MB 的效率有所下降，表明 h^+ 和 ·OH 参与了光催化降解过程。然而，加入 BQ 后催化效率明显下降，这说明 $\cdot O_2^-$ 是这一降解过程中的主要活性物种。

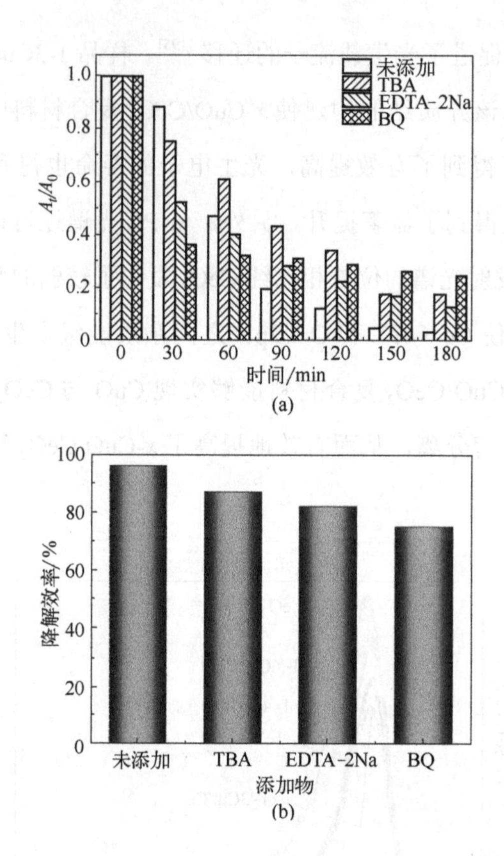

图 4.10 复合材料 1-3Cu/Ce 光催化降解 MB 的捕获剂实验

（a）加入不同捕获剂时 1-3Cu/Ce 对 MB 溶液光催化降解随时间变化图；
（b）加入不同捕获剂时复合材料 1-3Cu/Ce 对 MB 的降解效率图

复合材料 x-CuO/CeO_2 光催化活性提高的机理可能是在 CuO 和 CeO_2 之间形成了 p-n 异质结。研究发现，CeO_2 属于 n 型半导体，而 CuO 属于 p 型半导体，它们的费米能级分别靠近各自的导带和价带，故 CeO_2 的费米能级比 CuO 更高。当 CuO 与 CeO_2 二者紧密接触形成异质结结构时，界面处的费米能级将趋于平衡。为了达到该平衡，电子将通过界面由 CeO_2 向 CuO 一侧转移，在半导体界面处形成一个由 n 型 CeO_2 指向 p 型 CuO 的内建电场，同时，体系内的费米能级达到平衡。此时，CuO 的导带电位比 CeO_2 的导带电位更低，在紫外光下，CuO 激发产生的电子通过能带电位差的驱动以及内建电场的作用可以快速地转移到 CeO_2 的导带上，该导带上的电子则能够与溶液中的 O_2 反应生成 $\cdot O_2^-$，形成的 $\cdot O_2^-$ 可以有效降解有机污染物 MB。这与自由基捕获实验结果一致。图 4.11 给出了复合材料 x-CuO/CeO$_2$ 光催化活性提高的可能机理图。

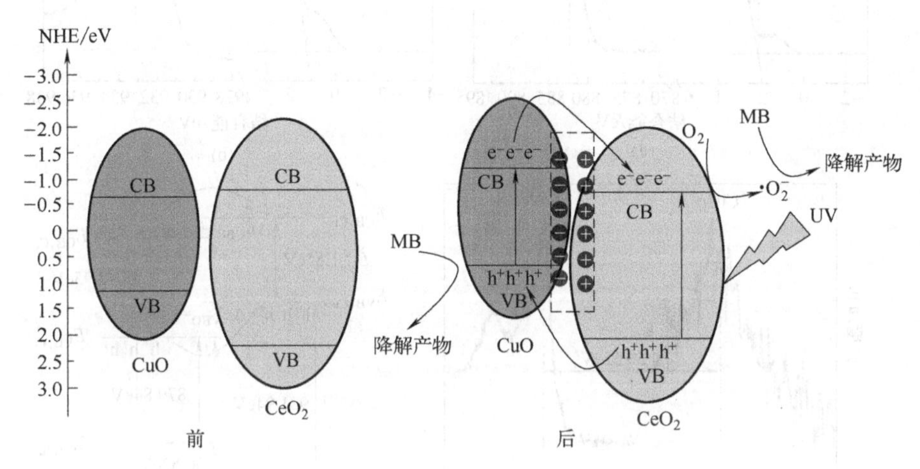

图 4.11　x-CuO/CeO$_2$ 复合材料光催化活性提高的可能机理图

为了进一步验证上述机理，采用 Kraut[120] 方法对 CuO/CeO$_2$ 异质结构的价带偏移（ΔE_{VBO}）和导带偏移（ΔE_{CBO}）进行了计算。具体计算公式如下：

$$\Delta E_{VBO} = (E_{Cu,2p} - E_{VB,Cu})_{pure}^{CuO} - (E_{Ce,3d} - E_{VB,Ce})_{pure}^{CeO_2} + \Delta E_{CL} \tag{4.1}$$

$$\Delta E_{CL} = (E_{Ce,3d} - E_{Cu,2p})_{heterojunction}^{CuO/CeO_2} \tag{4.2}$$

$$\Delta E_{CBO} = E_g^{CeO_2} - E_g^{CuO} - \Delta E_{VBO} \tag{4.3}$$

式中，ΔE_{CL} 为 CuO/CeO$_2$ 异质结中 Cu 2p 与 Ce 3d 芯能级之间的能量差；$E_{Ce,3d}$、$E_{Cu,2p}$ 分别表示 CeO_2 和 CuO 中 Ce 和 Cu 元素的芯能级结合能；$E_{VB,Ce}$、E_g^{CeO2} 和 $E_{VB,Cu}$、E_g^{CeO2} 分别表示 CeO_2 和 CuO 的价带和禁带宽度。

图 4.12（a）～（c）是利用 XPS 测试的 CeO_2、CuO 和 CuO/CeO$_2$ 异质结构的芯能级及 CeO_2、CuO 的价带位置图。其中，CeO_2 和 CuO 的价带顶（VBM）分别为 +2.22eV 和 +1.18eV，CeO_2 和 CuO 中 Ce 元素和 Cu

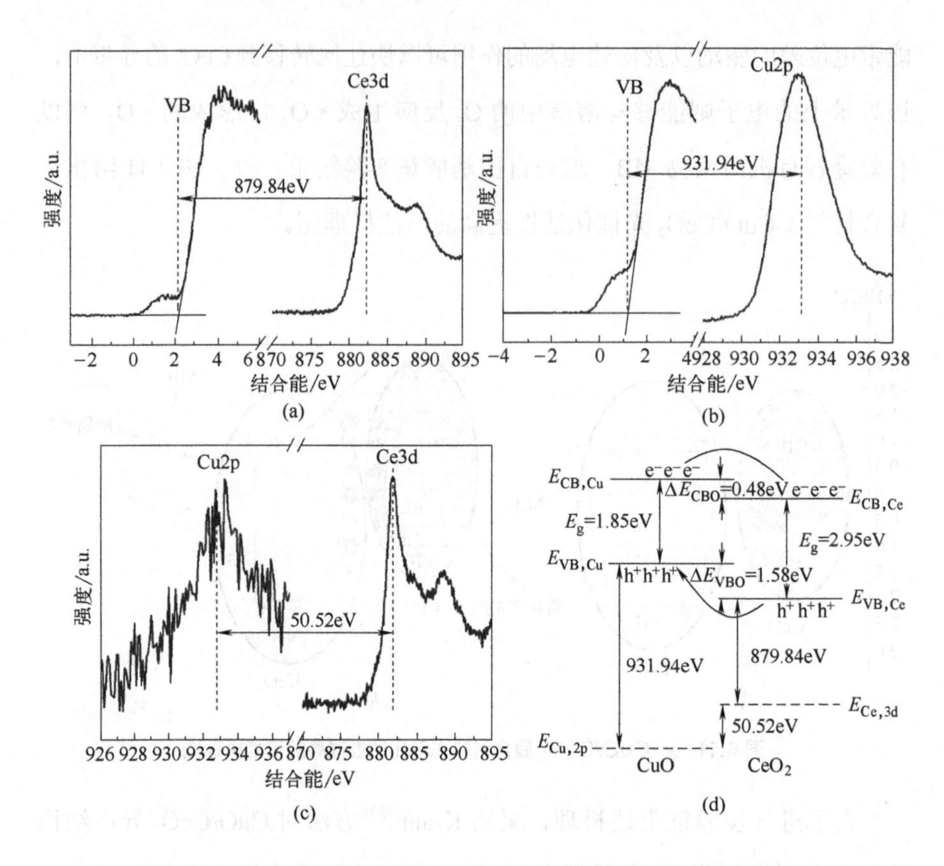

图 4.12 XPS 芯能级与价带位置图及 CuO/CeO_2 异质结能带偏移图

（a）CeO_2；（b）CuO；（c）CuO/CeO_2；（d）CuO/CeO_2 异质结能带偏移图

元素的芯能级与价带顶的差值分别为 879.84eV 和 931.94eV。CuO/CeO_2 异质结构中 Ce 元素和 Cu 元素的芯能级的差值是 50.52eV。表 4.2 列出了 CeO_2、CuO 和 CuO/CeO_2 异质结构的芯能级、价带和能带隙数值。根据式（4.1）、式（4.2）和式（4.3）计算出 CuO/CeO_2 异质结构中 ΔE_{VBO} 和 ΔE_{CBO} 的值分别为 +1.58eV 和 −0.48eV。光生电子从 CuO 转移到 CeO_2 的主要驱动力是 ΔE_{CBO}，导带偏移值越高，电荷分离和转移的驱动力越大。而 ΔE_{VBO} 是光生空穴从 CeO_2 转移到 CuO 的主要驱动力。ΔE_{VBO} 为正值，而 ΔE_{CBO} 为负值说明 CeO_2 的价带和导带均低于 CuO。根据计算结果，构建了 CuO/CeO_2 异质结构的能带偏移图，如图 4.12（d）所示。能带偏移的计算结果进一步证实了 CuO 与 CeO_2 之间形成了 p-n 型异质结结构。

表 4.2　CeO_2、CuO 和 CuO/CeO_2 异质结构的芯能级结合能位置、价带位置和能带隙

样品	状态	结合能 /eV	E_g/eV
CeO_2	Ce $3d_{5/2}$	882.06	2.95
	VBM	2.22	
CuO	Cu $2p_{3/2}$	933.12	1.85
	VBM	1.18	
CuO/CeO_2	Ce $3d_{5/2}$	882.18	
	Cu $2p_{3/2}$	932.70	

4.5　小结

在本章中，以硝酸铈为铈源，尿素为沉淀剂，PVP 为表面活性剂，利用常压微波回流技术，通过均相沉淀法制备了 CeO_2 及 x-CuO/CeO_2 复合材料，并在 x-CuO/CeO_2 的表面成功构建了 p-n 型异质结结构，显著提高了 x-CuO/CeO_2 的光催化活性。通过不同表征手段对复合材料的形貌及结构进行了分析。将所制备 CeO_2 及 x-CuO/CeO_2 复合材料用于光催化降解 MB 溶液，考察所制备样品的光催化活性，并提出了 x-CuO/CeO_2 复合材料光催化活性增强的可能机理。最后，通过对 x-CuO/CeO_2 异质结构的能带位置偏移进行计算，进一步验证了 p-n 型异质结的形成。得到如下实验结果。

① 通过将 CuO 与 CeO_2 复合，使 CeO_2 的形貌由菱面体形变为多面体形，CuO 微球颗粒均匀地分散在 CeO_2 多面体之间，增大了 x-CuO/CeO_2 复合材料中氧空位的浓度，减小了复合材料的禁带宽度。

② x-CuO/CeO_2 复合材料的光催化活性均高于纯 CeO_2，且随着 CuO 负载量的增加，复合材料的光催化活性显示出先增大后减小的趋势。当

铜元素与铈元素的摩尔比为1∶3时，1-3Cu/Ce复合材料的光催化活性最好，其降解速率是纯CeO_2的2.7倍，对MB溶液的降解率可达到96.2%。$\cdot O_2^-$是MB溶液降解过程中的主要活性物种。

③ CuO和CeO_2形成的p-n型异质结为x-CuO/CeO_2复合材料中光生载流子的分离和迁移构建了有效的电子传输通道，使光生载流子的寿命得到延长，增强了复合材料的光催化性能。

④ 计算了CuO/CeO_2异质结的能带位置偏移，其价带偏移（ΔE_{VBO}）为+1.58eV，导带偏移（ΔE_{CBO}）为−0.48eV。计算结果进一步证实了CuO与CeO_2之间p-n型异质结的形成，更深层次地解释了CuO/CeO_2异质结光催化降解效率提高的原因。

第5章

$CeO_2/g-C_3N_4$ 异质结的构建及其光催化性能的研究

5.1 概述

目前光催化技术的关键问题在于拓展可见光吸收范围、提高光生电子 - 空穴的分离效率以及提升载流子的迁移率。第 4 章选用 CuO 对 CeO_2 光催化材料进行改性，制备了具有 p-n 型异质结结构的 CuO/CeO_2 复合材料，虽然 p-n 型异质结有效地促进了电子 - 空穴对的分离，但是，电子和空穴均向氧化还原电位较低的半导体上移动，降低了其氧化能力和还原能力。为了克服这一缺点，可以制备具有 Z 型异质结结构的复合材料。Z 型异质结结构既能实现电子 - 空穴对的有效分离，又能保留具有较高还原能力和氧化能力的电子和空穴，从而显著提高异质结光催化剂的催化性能。

$g\text{-}C_3N_4$ 是一种具有优异电子结构的聚合物半导体光催化剂。近年来，它与其他半导体材料复合共同构建出 Z 型光催化复合材料的研究日益增多。如，$CuO/g\text{-}C_3N_4$[199]、$WO_3/g\text{-}C_3N_4$[144]、$g\text{-}C_3N_4/Ag_3PO_4$[145] 等。因此本章选用与 CeO_2 具有匹配能级的 $g\text{-}C_3N_4$ 对 CeO_2 进行复合改性，以溶剂热和煅烧相结合的方法制备 $x\text{-}CeO_2/g\text{-}C_3N_4$ 复合材料，构建 Z 型异质结结构。对复合材料的形貌、结构及组成进行分析。通过可见光下苯酚溶液的降解，研究所制备的 CeO_2 及 $x\text{-}CeO_2/g\text{-}C_3N_4$ 复合材料的光催化活性以及复合材料在光催化降解过程中的主要活性物种，并提出了复合材料光催化活性增强的可能机理。同时，利用电化学分析手段，再次证实了 $x\text{-}CeO_2/g\text{-}C_3N_4$ 复合材料比 CeO_2 单体具有更好的载流子迁移速率，能更好地抑制电荷重组，因此具有更好的光催化活性。

5.2　$CeO_2/g-C_3N_4$ 复合光催化材料的制备

（1）溶剂热法制备 CeO_2 光催化材料

准确称量 2mmol 硝酸铈（0.868g）于烧杯中，再加入 2.5mL 水、1mL 乙酸和 40mL 乙二醇，将盛有该溶液的烧杯置于磁力搅拌器上，搅拌约 30min 后所加入的试剂完全溶解。然后，将溶液转移至 100mL 的反应釜中，升温至 180℃并保温 4h（升温速率为 5℃/min）。自然冷却至室温后，将产物离心、清洗、收集，然后放入 60℃的电热恒温鼓风干燥箱内烘干 10h 得到前驱体粉末。最后，在马弗炉中 500℃煅烧 2h（升温速率为 5℃/min），冷却到室温，得到 CeO_2 光催化材料。

（2）$g-C_3N_4$ 的制备

$g-C_3N_4$ 的制备采用煅烧尿素的方法，称量 20g 尿素置于带盖的坩埚中，于马弗炉中 500℃煅烧 4h，升温速率为 2℃/min，之后，自然冷却至室温，得到淡黄色 $g-C_3N_4$ 粉体。

（3）$CeO_2/g-C_3N_4$ 复合光催化材料的制备

准确称量 $g-C_3N_4$ 样品 0.5g，分散到装有 50mL 乙醇的烧杯中，超声 0.5h 后，加入所制备的 CeO_2 样品 0.075g，继续超声 0.5h，然后将烧杯放到磁力搅拌器上搅拌大约 10h，直到乙醇挥发完全，将固体粉末在 60℃烘箱里烘干 10h。最后，将得到的粉末在马弗炉中 350℃煅烧 2h（升温速率为 5℃/min），自然冷却至室温，得到负载量为 15% 的复合材料 15%-$CeO_2/g-C_3N_4$。改变 CeO_2 样品的加入量，按照同样的方法制备其他 x-$CeO_2/g-C_3N_4$ 复合材料，分别命名为 5%-$CeO_2/g-C_3N_4$、10%-$CeO_2/g-C_3N_4$、20%-$CeO_2/g-C_3N_4$、25%-$CeO_2/g-C_3N_4$。制备流程示意图如图 5.1 所示。

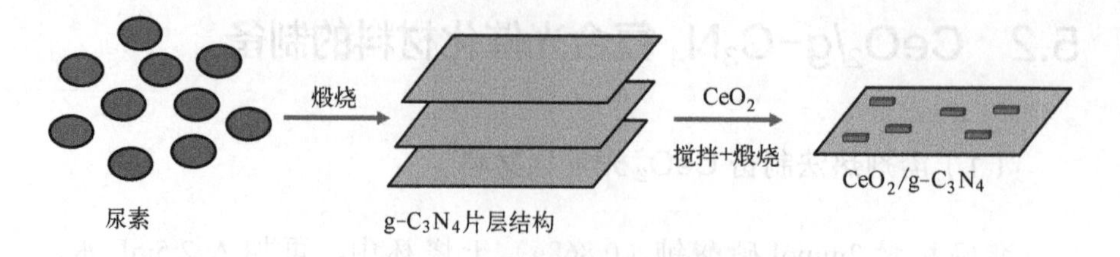

图 5.1 x-CeO_2/g-C_3N_4 异质结制备流程示意图

5.3 CeO_2/g-C_3N_4 复合光催化材料结构特性研究

5.3.1 物相及结构分析

图 5.2（a）是纯 g-C_3N_4、CeO_2 以及 x-CeO_2/g-C_3N_4 复合材料的 XRD 衍射图谱。通过观察衍射峰可以看出样品具有良好的结晶性。用梅花形标注的 2θ 角在 28.5°、33.1°、47.5°和 56.4°处的衍射峰，分别对应立方萤石结构 CeO_2 的（111）、（200）、（220）和（311）晶面[116]（JCPDS No.75-0076）。2θ 角在 13.1°、27.4°的衍射峰用菱形进行了标注，分别对应 g-C_3N_4 的（100）、（002）晶面（JCPDS No.87-1526）[200]。其中，（100）晶面的衍射峰源于 g-C_3N_4 平面内三嗪环的周期性有序排布，由夹层结构引起。（002）晶面对应的衍射峰，其层间距为 0.325nm，是由 g-C_3N_4 中共轭芳香族段层间堆叠产生的[201，202]。进一步观察发现，在不同比例的复合材料中均可以检测到 g-C_3N_4 和 CeO_2 对应的衍射峰。随着 CeO_2 负载量的增加，CeO_2 对应衍射峰的强度逐渐增强，g-C_3N_4 对应的（100）衍射峰强度逐渐变弱并消失，这是由 CeO_2 衍射峰的强度较大，而 g-C_3N_4 的（100）衍射峰强度较弱被掩盖导致的。同时，还可以发现 g-C_3N_4 对应的（100）衍射峰和 CeO_2 对应的（111）衍射峰发生重合，难以区分，这表明二氧化铈是在 g-C_3N_4 的层间生长的[203]。另外，相对于纯 g-C_3N_4，x-CeO_2/g-C_3N_4 复合材料中衍射峰（002）向大角度方向偏移，这可能是 CeO_2 与 g-C_3N_4 之间

发生相互作用，使 $g-C_3N_4$ 中的晶格发生畸变产生的。

图 5.2（b）显示了 $x-CeO_2/g-C_3N_4$ 复合材料在 4000 ～ 400cm^{-1} 范围内采集的 FT-IR 光谱图。在波数为 1260cm^{-1}、1325cm^{-1}、1419cm^{-1}、1572cm^{-1} 和 1636cm^{-1} 处观察到的特征峰是由 CN 芳香杂环化合物的伸缩振动引起的 [204]。其中波数在 1636cm^{-1} 的特征峰对应 C═N 键的伸缩振动，波数从

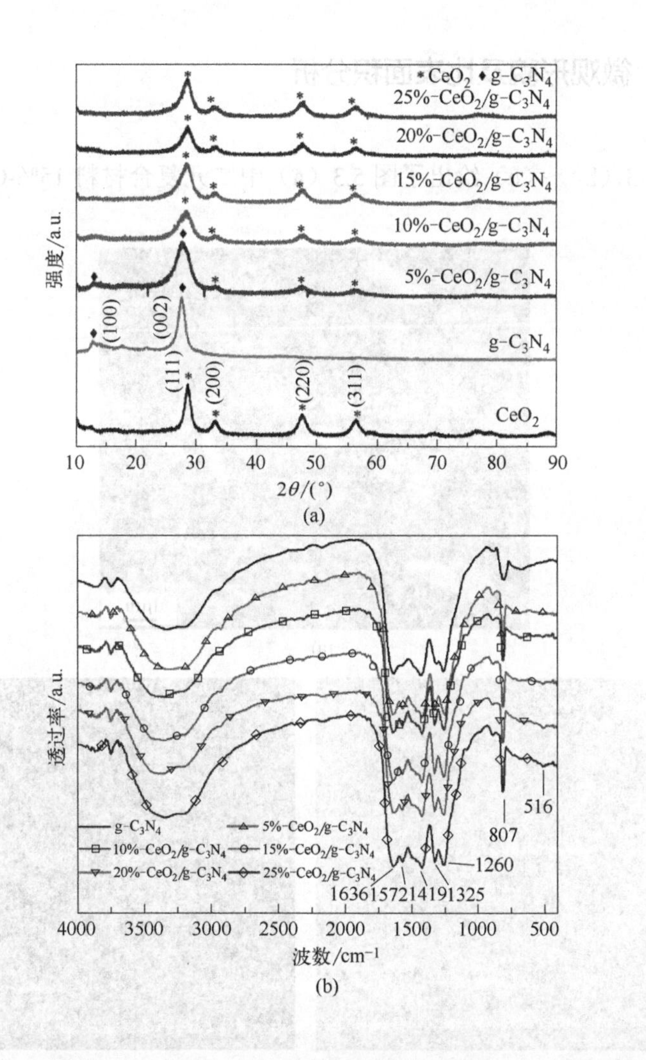

图 5.2　纯物质及 $x-CeO_2/g-C_3N_4$ 复合材料的 XRD 图和 FT-IR 光谱图

（a）XRD 图；（b）FT-IR 光谱图

$1260cm^{-1}$ 到 $1572cm^{-1}$ 的特征峰对应于芳香族 C—N 键的伸缩振动。在 $3000cm^{-1}$ 到 $3500cm^{-1}$ 之间的强峰区域归属于样品上吸附的水分子中 O—H 键和 g-C_3N_4 环中 N—H 键的伸缩振动[205]。在约 $516cm^{-1}$ 处较弱的特征峰以及 $807cm^{-1}$ 处较强的特征峰，分别归属于 Ce—O 键的伸缩振动峰和三嗪单元的面外弯曲振动[206]。

5.3.2 微观形貌及比表面积分析

图 5.3（b）～（e）给出了图 5.3（a）中二元复合材料 15%-CeO_2/g-C_3N_4

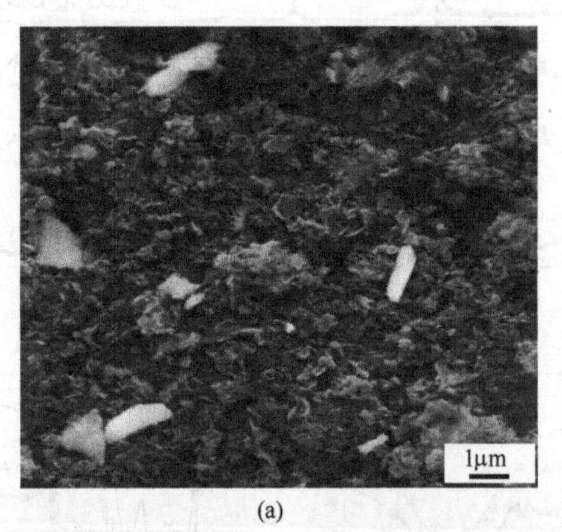

(a)

(b)

(c)

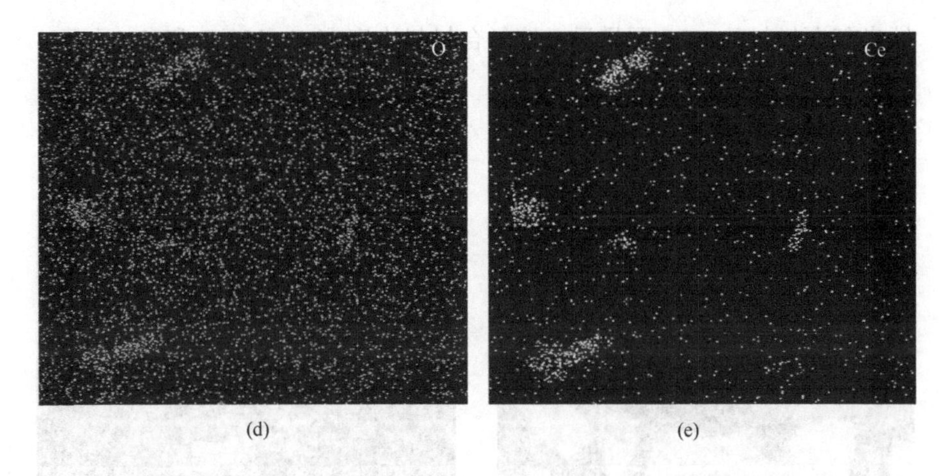

图 5.3　15%-$CeO_2/g-C_3N_4$ 样品的 SEM 图和相应的元素分布图

（a）SEM；（b）碳；（c）氮；（d）氧；（e）铈

的元素分布图，从图中可以看出，样品中含有 Ce、O、C 和 N 元素，且 O 和 Ce 元素与 C 和 N 元素均匀地分散在一起。这证明成功制备了 x-CeO_2/g-C_3N_4 二元复合材料。

纯 CeO_2、g-C_3N_4 及 x-CeO_2/g-C_3N_4 复合材料的形貌如图 5.4 所示。观察图 5.4（a）可以发现，纯 CeO_2 的形貌为规则的长方体形，且分布均匀，但样品表面较粗糙，这可能是由高温烧结所致。图 5.4（b）清楚地显示了纯 g-C_3N_4 的片层结构，并且片层结构堆叠形成中空的管状通道，这有利于增大二元复合材料 x-CeO_2/g-C_3N_4 的比表面积。x-CeO_2/g-C_3N_4 复合材料的 SEM 图显示，两种不同形貌的物质同时存在于复合材料中，长方体的 CeO_2 颗粒有的分散在 g-C_3N_4 层状结构中，就像棋子分散在棋盘中，有的被 g-C_3N_4 片层结构包裹，如图 5.4（c）～（g）所示。这证明 CeO_2 与 g-C_3N_4 复合成功，也与 XRD 衍射结果相吻合，同时也说明了负载后样品 XRD 衍射峰偏移的原因。值得注意的是，随着 CeO_2 含量的增加，分散在 g-C_3N_4 层状结构之间的 CeO_2 颗粒尺寸先增大后减小，较大的颗粒尺寸有利于形成较大的孔隙结构，从而提高样品的比表面积，见表 5.1。15%-CeO_2/g-C_3N_4

纳米复合材料的 EDS 图显示，该复合材料中存在 C、N、O 和 Ce 元素，如图 5.4（h）所示。

(a) (b)
(c) (d)
(e) (f)

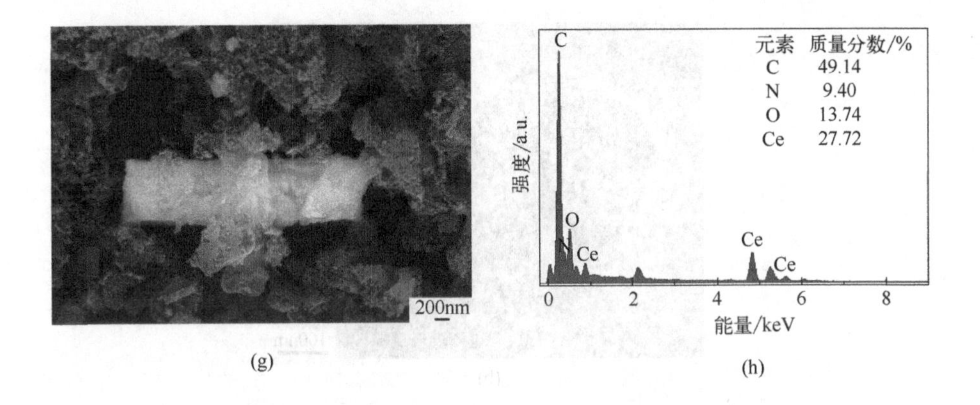

(g)　(h)

图 5.4　纯 CeO_2、$g-C_3N_4$ 及 $x-CeO_2/g-C_3N_4$ 复合材料的 SEM 图

（a）纯 CeO_2；（b）$g-C_3N_4$；（c）5%-$CeO_2/g-C_3N_4$；（d）10%-$CeO_2/g-C_3N_4$；（e）15%-$CeO_2/g-C_3N_4$；（f）20%-$CeO_2/g-C_3N_4$；（g）25%-$CeO_2/g-C_3N_4$；（h）15%-$CeO_2/g-C_3N_4$ 样品的 EDS 图

为了更深入地观察复合材料 x-$CeO_2/g-C_3N_4$ 的微观结构，我们进一步获得了 15%-$CeO_2/g-C_3N_4$ 和 $g-C_3N_4$ 的 TEM 图。图 5.5（a）展现了 $g-C_3N_4$ 的片层结构。从图 5.5（b）可以明显地看出，15%-$CeO_2/g-C_3N_4$ 样品的 TEM 图像中包含两种形貌，一种是长方体形，另一种是片层结构。从图 5.5（c）的 HRTEM 图像中可以清晰地观察到晶格条纹，晶面间距为 0.27nm，其对应 CeO_2 的（200）晶面。另外，从 HRTEM 图像中也可以清晰地看到 $g-C_3N_4$ 和 CeO_2 之间的接触界面。

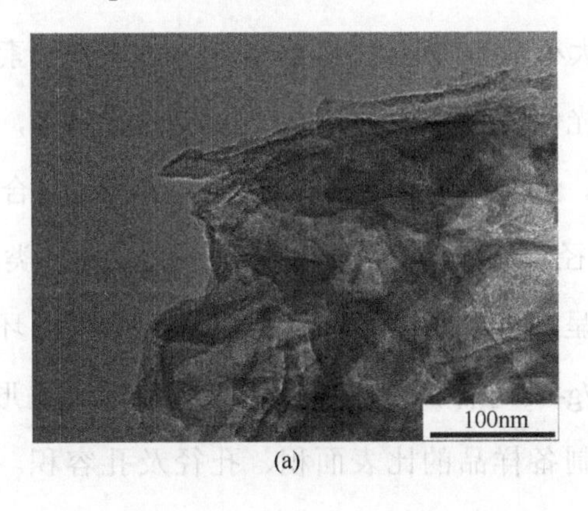

(a)

图 5.5

(b)

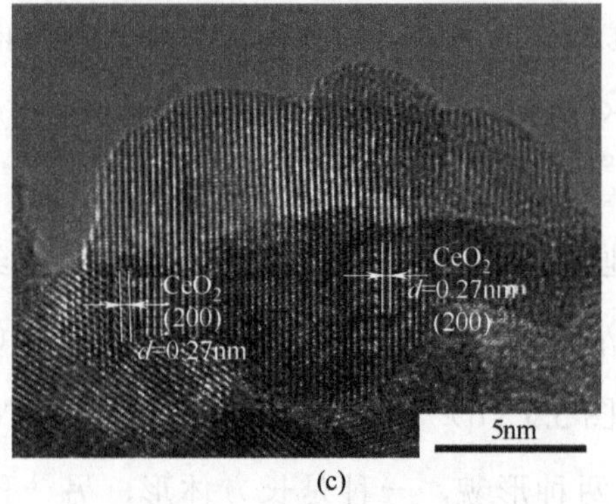

(c)

图 5.5　g-C_3N_4 和 15%-CeO_2/g-C_3N_4 样品的 TEM 和 HRTEM 图

（a）g-C_3N_4 的 TEM；（b）15%-CeO_2/g-C_3N_4 的 TEM；（c）15%-CeO_2/g-C_3N_4 的 HRTEM 图

比表面积的大小是评估催化剂光催化活性的关键因素之一，样品的比表面积越大，在光催化过程中提供的反应活性位点越多，则越有利于样品催化性能的提升。纯 CeO_2、g-C_3N_4 及 x-CeO_2/g-C_3N_4 复合材料的 N_2 吸附 - 脱附等温线和孔径分布如图 5.6 所示。基于 IUPAC 分类，所制备的纯物质及复合材料均呈现出典型的Ⅳ型等温线 H3 型迟滞回环，这表明 CeO_2、g-C_3N_4 及 x-CeO_2/g-C_3N_4 样品中均存在由于材料的堆叠形成的介孔结构。表 5.1 给出了所制备样品的比表面积、孔径及孔容积。从中可以看出，x-CeO_2/g-C_3N_4 复合材料的比表面积均大于纯 g-C_3N_4，且随着二氧化铈负

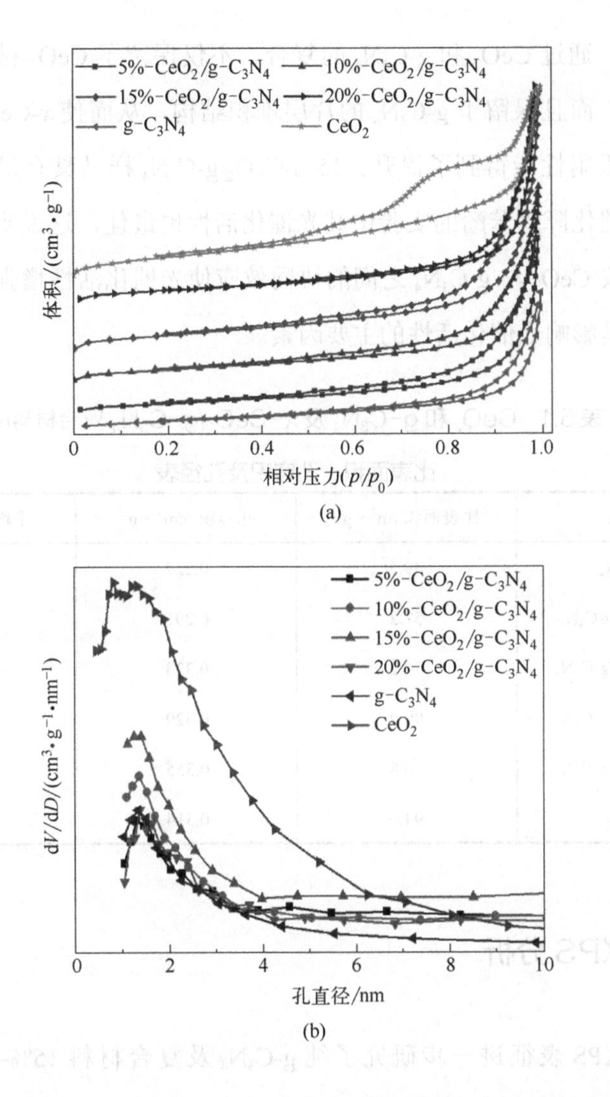

图 5.6　纯 CeO_2 和 g-C_3N_4 及 x-CeO_2/g-C_3N_4 样品的 N_2 吸附 - 脱附等温线及孔径分布图

（a）N_2 吸附 - 脱附等温线；（b）孔径分布图

载量的增加呈现山峰状趋势。质量分数为 15% 的样品 15%-CeO_2/g-C_3N_4 比表面积最大，为 90.9$m^2·g^{-1}$。同时，单点孔容积也由纯 g-C_3N_4 的 0.227$cm^3·g^{-1}$ 增大到了最佳负载量的 0.429$cm^3·g^{-1}$，但单点平均孔半径并无明显规律。从图 5.6（b）的孔径分布曲线可以看出，样品孔径集中分布在 2 ～ 10nm

的范围内。通过 CeO_2 和 g-C_3N_4 的复合，不仅保留了 CeO_2 材料高比表面积的性质，而且保留了 g-C_3N_4 的片层堆积结构，从而使 *x*-CeO_2/g-C_3N_4 复合材料的吸附性能得到了提升。15%-CeO_2/g-C_3N_4 样品具有最大的比表面积，在光催化降解苯酚的实验中其光催化活性也最佳，这说明在该体系材料中，不仅 CeO_2 与 g-C_3N_4 之间的协同效应使光催化活性增强，比表面积的增加也是影响光催化活性的主要因素。

表 5.1 CeO_2 和 g-C_3N_4 及 *x*-CeO_2/g-C_3N_4 复合材料的比表面积、孔容积及孔径表

样品	比表面积 /$m^2 \cdot g^{-1}$	孔容积 /$cm^3 \cdot g^{-1}$	平均孔半径 /nm
g-C_3N_4	49.5	0.227	9.16
5%-CeO_2/g-C_3N_4	57.2	0.291	10.16
10%-CeO_2/g-C_3N_4	70.2	0.323	9.19
15%-CeO_2/g-C_3N_4	90.9	0.429	9.45
20%-CeO_2/g-C_3N_4	60.8	0.355	11.67
CeO_2	94.0	0.314	6.25

5.3.3 XPS 分析

利用 XPS 表征进一步研究了纯 g-C_3N_4 及复合材料 15%-CeO_2/g-C_3N_4 的表面元素组成和价态信息，拟合后得到的XPS能谱图如图5.7所示。图5.7（a）给出了复合材料 15%-CeO_2/g-C_3N_4 的 XPS 全谱扫描图，图中显示了明显的 C、N、O 和 Ce 元素的峰，这说明成功制备了 15%-CeO_2/g-C_3N_4 复合材料。图 5.7（b）展现了 Ce 元素的高分辨 XPS 图谱，Ce 3d 轨道由于自旋轨道耦合，分为 $3d_{3/2}$ 和 $3d_{5/2}$ 两组（分别标记为 u 和 v），并拟合为 8 个峰。标记为 u（900.8eV）、u‴（907.1eV）、u‴（916.7eV）的峰归属于 Ce^{4+} 的 $3d_{3/2}$，标记为 v（882.4eV）、v‴（888.9eV）、v‴（898.1eV）的峰对应于 Ce^{4+}

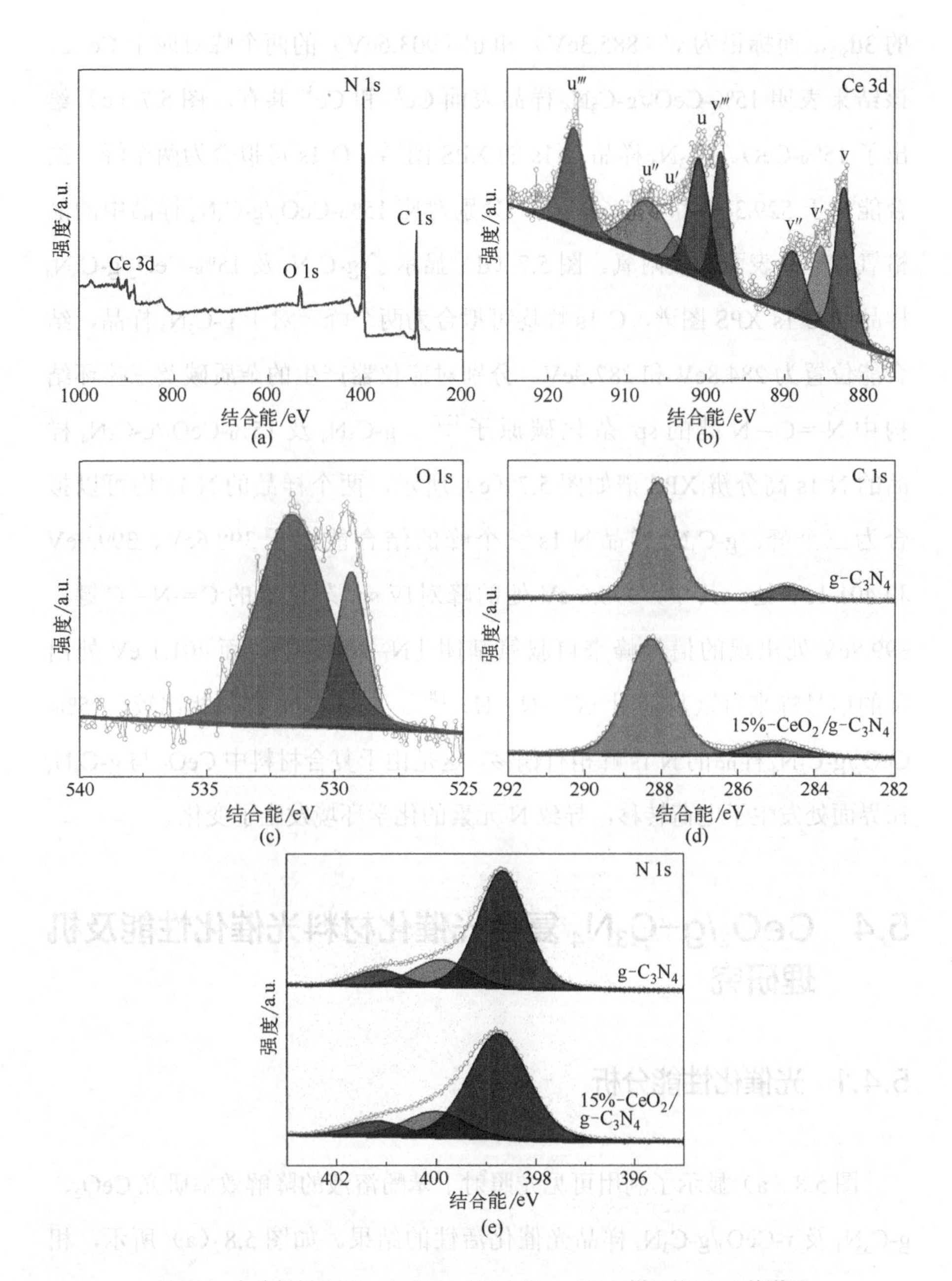

图 5.7　复合材料 $15\%-CeO_2/g-C_3N_4$ 和 $g-C_3N_4$ 样品的 XPS 能谱图

（a）$15\%-CeO_2/g-C_3N_4$ 的 XPS 全谱扫描图；（b）$15\%-CeO_2/g-C_3N_4$ 的 Ce 3d 高分辨 XPS 图；（c）$15\%-CeO_2/g-C_3N_4$ 的 O 1s 高分辨 XPS 图；（d）$15\%-CeO_2/g-C_3N_4$ 和 $g-C_3N_4$ 的 C 1s 高分辨 XPS 图；（e）$15\%-CeO_2/g-C_3N_4$ 和 $g-C_3N_4$ 的 N 1s 高分辨 XPS 图

的 $3d_{5/2}$，而标记为 v′（885.3eV）和 u′（903.6eV）的两个峰对应于 Ce^{3+}。该结果表明 15%-CeO_2/g-C_3N_4 样品表面 Ce^{4+} 和 Ce^{3+} 共存。图 5.7（c）给出了 15%-CeO_2/g-C_3N_4 样品 O 1s 的 XPS 图谱，O 1s 可拟合为两个峰，结合能位于 529.3eV 和 531.6eV 处，分别对应 15%-CeO_2/g-C_3N_4 样品中的晶格氧和样品表面的吸附氧。图 5.7（d）显示了 g-C_3N_4 及 15%-CeO_2/g-C_3N_4 样品的 C 1s XPS 图谱，C 1s 峰均可拟合为两个峰。对于 g-C_3N_4 样品，结合能位置为 284.8eV 和 287.9eV，分别对应仪器产生的杂质碳及三嗪环结构中 N═C—N 键的 sp^2 杂化碳原子[207]。g-C_3N_4 及 15%-CeO_2/g-C_3N_4 样品的 N 1s 高分辨 XPS 谱如图 5.7（e）所示，两个样品的 N 1s 均可以拟合为三个峰。g-C_3N_4 样品 N 1s 三个峰的结合能位于 398.6eV、399.9eV 和 401.1eV 处。其中，398.6 eV 处的峰对应 sp^2 杂化氮的 C═N—C 键，399.8eV 处出现的信号峰来自叔氮基团［N—$(C)_3$］，而 401.1 eV 处出现的信号峰来自氨基基团（C—N—H）[208]。与 g-C_3N_4 样品相比较，15%-CeO_2/g-C_3N_4 样品的 N 1s 峰稍有偏移，这是由于复合材料中 CeO_2 与 g-C_3N_4 在界面处发生了电荷转移，导致 N 元素的化学环境发生了变化。

5.4 CeO_2/g-C_3N_4 复合光催化材料光催化性能及机理研究

5.4.1 光催化性能分析

图 5.8（a）显示了利用可见光照射下苯酚溶液的降解效率研究 CeO_2、g-C_3N_4 及 *x*-CeO_2/g-C_3N_4 样品光催化活性的结果。如图 5.8（a）所示，相较于纯 g-C_3N_4 和 CeO_2，所有 *x*-CeO_2/g-C_3N_4 复合材料的光催化活性均高于单组分样品。复合材料中 15%-CeO_2/g-C_3N_4 样品降解苯酚溶液的效率最高，可见光照射 180 min 后可达到 82.6%，而 5%-CeO_2/g-C_3N_4、10%-

$CeO_2/g-C_3N_4$、20%-$CeO_2/g-C_3N_4$ 和 25%-$CeO_2/g-C_3N_4$ 样品降解效率分别为 56.9%、69.8%、50.0% 和 62.8%。通过 ln（A_t/A_0）与辐照时间 t 的线性拟合得到拟一级动力学曲线，图 5.8（b）中曲线的拟合结果说明，苯酚溶液的光催化降解过程符合准一级动力学模型。纯 $g-C_3N_4$、5%-$CeO_2/g-C_3N_4$、10%-$CeO_2/g-C_3N_4$、15%-$CeO_2/g-C_3N_4$、20%-$CeO_2/g-C_3N_4$ 和 25%-$CeO_2/g-C_3N_4$ 样品的降解速率常数分别为 0.0029min^{-1}、0.0048min^{-1}、0.0067min^{-1}、

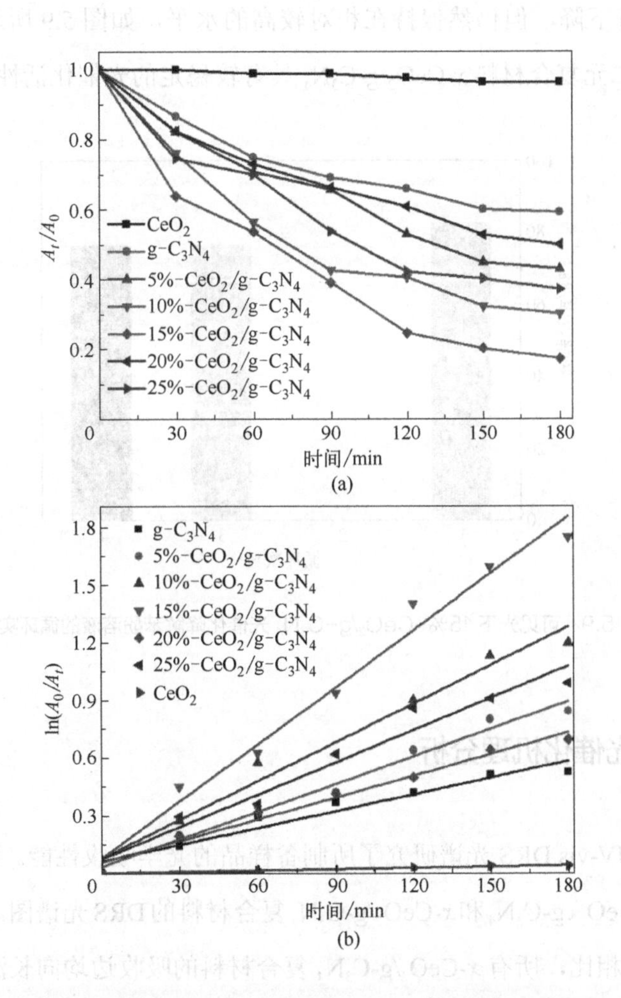

图 5.8　可见光下纯物质及复合材料 $x-CeO_2/g-C_3N_4$ 降解苯酚溶液的光催化性能图

（a）降解效率图；（b）对应的拟一级动力学曲线图

0.0099min^{-1}、0.0038min^{-1}和0.0056min^{-1}。光催化效率的提高可以归因于复合材料 x-CeO_2/g-C_3N_4 界面上电子的快速转移，减少了电子 - 空穴对的复合。

在实际应用中，光催化材料的循环稳定性是提高其使用效率的关键因素之一。利用二元复合材料 15%-CeO_2/g-C_3N_4 在可见光照射下对苯酚溶液降解的循环实验研究了光催化剂的稳定性。其光催化降解性能在循环使用 4 次后稍有下降，但仍然保持在相对较高的水平，如图 5.9 所示。这说明所制备的二元复合材料 x-CeO_2/g-C_3N_4 具有较稳定的光催化活性。

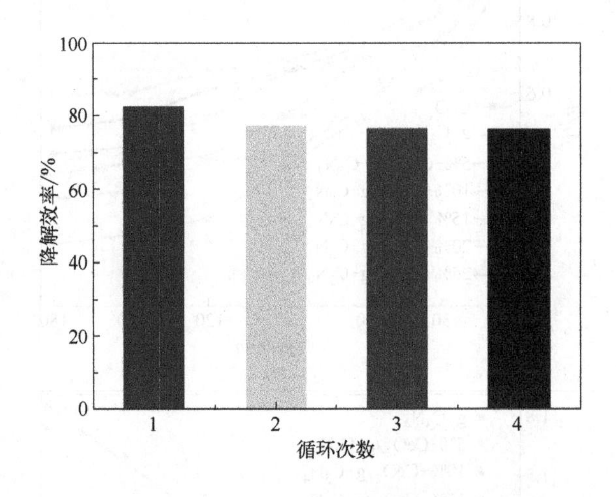

图 5.9　可见光下 15%-CeO_2/g-C_3N_4 光催化降解苯酚溶液的循环实验

5.4.2　光催化机理分析

利用 UV-vis DRS 光谱研究了所制备样品的光学吸收性能。图 5.10（a）给出了纯 CeO_2、g-C_3N_4 和 x-CeO_2/g-C_3N_4 复合材料的 DRS 光谱图。图中显示，与纯 CeO_2 相比，所有 x-CeO_2/g-C_3N_4 复合材料的吸收边均向长波长方向移动。这是因为 CeO_2 和 g-C_3N_4 彼此之间发生相互作用，导致 N 的 2p 轨道和 O 的 2p 轨道混合形成中间能级，使得吸收边缘向可见光区偏移 [207]。此外，在可见光区域，15%-$CeO_2/g-C_3N_4$ 样品的吸收强度最强，明显高于其他复合材料。对于半导体催化剂，利用紫外 - 可见漫反射光谱可以估计其带隙值（E_g），见式（2.2）。（$\alpha h\nu$）$^{1/2}$ 与 $h\nu$ 关系的曲线如图 5.10（b）所示，外推曲线的线性部分得到了纯 CeO_2、g-C_3N_4 和 x-$CeO_2/g-C_3N_4$ 复合材料的带隙能量值，分别约为 3.02eV、2.58eV、2.66eV、2.58eV、2.47eV、2.57eV 和 2.53eV。复合材料 x-$CeO_2/g-C_3N_4$ 的带隙值均小于纯 CeO_2，带隙值的减小表明可见光的吸收能力增强，这可以归因于复合材料异质结的形成。x-$CeO_2/g-C_3N_4$ 复合材料的吸收边向可见光方向扩展，同时可见光的吸收能力也增强，这说明其在可见光照射下能产生更多的光诱导电子 - 空穴对，有利于光催化性能的提高。

在光催化领域，PL 分析常被用来研究界面电荷转移和光生电子与空穴的分离情况。光生电子与空穴在半导体内发生复合时，能量会以荧光的形式释放出来。因此，荧光光谱发射峰的强度越大，说明光生电子 - 空穴对的复合程度越高。图 5.10（c）为制备的纯物质 CeO_2、g-C_3N_4 及复合材料 x-$CeO_2/g-C_3N_4$ 的 PL 光谱图。由图可见，所有样品都出现较宽的光致发射峰，发射峰的位置均在 420 ～ 500nm 范围内。纯 g-C_3N_4 的 PL 发射峰强度最高，随着 CeO_2 的加入，PL 发射强度明显降低，说明 g-C_3N_4 与 CeO_2 形成异质结后，在界面处促进了 CeO_2 和 g-C_3N_4 之间电荷的转移，光生载流子的复合得到了有效抑制。当进一步增加 CeO_2 的负载量，荧光强度又有所增强，这表明复合材料的组成也影响光生载流子的分离效率。很明显，复合材料 15%-$CeO_2/g-C_3N_4$ 样品具有最低的光致发光强度，说明异质结的构建对于光生电子 - 空穴对分离效率的提高具有积极的促进作用。这与其具有最高的光催化活性相一致。

通过自由基捕获实验研究所制备的 x-$CeO_2/g-C_3N_4$ 复合材料在降解苯酚溶液过程中的主要活性物种，进而讨论复合材料的光催化机理。加入的自由基捕获剂有 EDTA-2Na、BQ 和 TBA，分别作为 h^+、$\cdot O_2^-$ 和 $\cdot OH$ 的

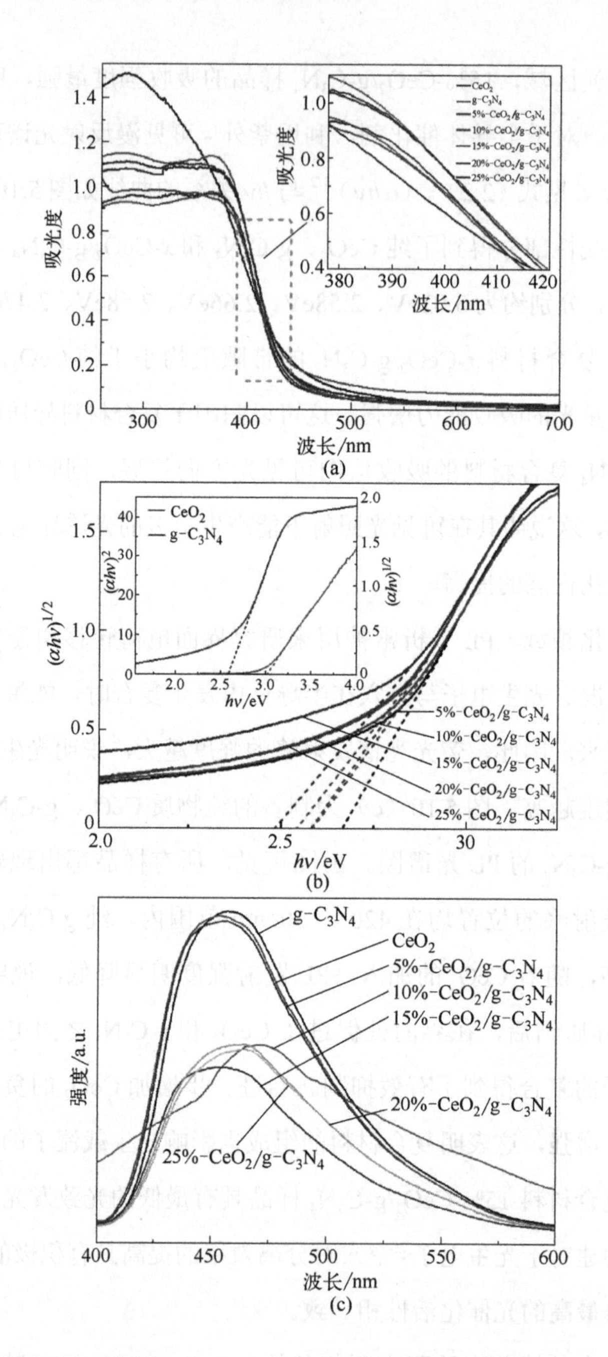

图 5.10 纯物质及 x-CeO_2/g-C_3N_4 复合材料的光学性能分析图

(a) 纯 CeO_2、g-C_3N_4 及复合材料 x-CeO_2/g-C_3N_4 的 DRS 光谱图；(b) 与 DRS 对应的 $(\alpha h\nu)^2$ 或 $(\alpha h\nu)^{1/2}$ 与光子能量 $h\nu$ 关系曲线图；(c) 纯 CeO_2、g-C_3N_4 及复合材料 x-CeO_2/g-C_3N_4 的 PL 光谱图

捕获剂。图 5.11 为不同自由基加入时，15%-$CeO_2/g-C_3N_4$ 复合材料光催化降解苯酚溶液的效率图。由图中的实验结果可知，当将 EDTA-2Na、BQ 和 TBA 分别加入苯酚溶液中时，15%-$CeO_2/g-C_3N_4$ 样品对苯酚溶液的光催化降解效率均有所下降，说明 h^+、$\cdot O_2^-$ 和 $\cdot OH$ 等自由基均参与了光催化过程，加入 BQ 和 TBA 时降解率下降最为明显，因此，相对 h^+ 来说，$\cdot O_2^-$ 和 $\cdot OH$ 在 15%-$CeO_2/g-C_3N_4$ 复合材料降解苯酚溶液的过程中为主要活性物种。

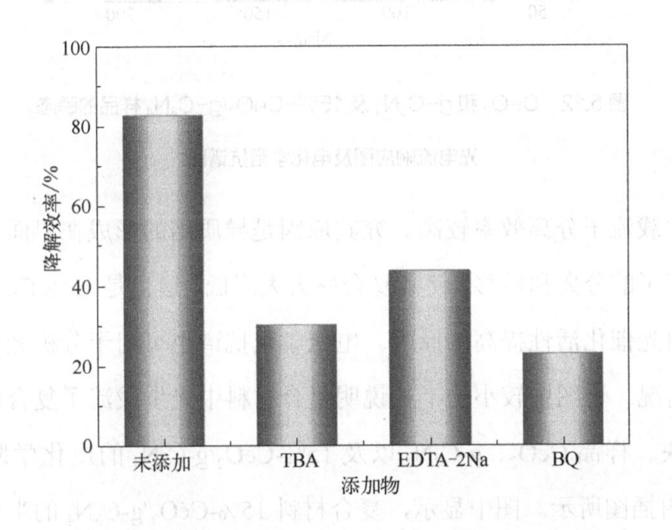

图 5.11　可见光下复合材料 15%-$CeO_2/g-C_3N_4$ 降解苯酚溶液的捕获剂实验

在可见光照射下，利用瞬态光电流响应曲线研究了 x-$CeO_2/g-C_3N_4$ 复合材料中电荷的分离情况。光照时产生的电流强度越大，说明复合材料中光生载流子的分离效果越好 [134]。CeO_2、$g-C_3N_4$ 以及复合材料 15%-$CeO_2/g-C_3N_4$ 的光电流响应曲线如图 5.12 所示。从图中可以看出，开关光源，其光电流密度与时间曲线重现性较好，可见光照射下所有样品都明显地产生了光电流，说明样品均具有可见光响应。15%-$CeO_2/g-C_3N_4$ 复合材料的电流强度大于 CeO_2 和 $g-C_3N_4$ 单组分样品，说明 15%-$CeO_2/g-C_3N_4$ 复合材

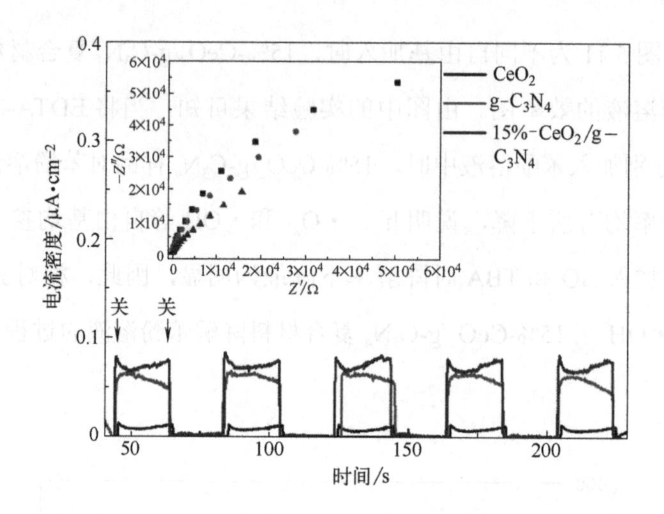

图 5.12 CeO_2 和 g-C_3N_4 及 15%-CeO_2/g-C_3N_4 样品的瞬态光电流响应图及电化学阻抗谱图

料的光生载流子分离效率较高。究其原因是异质结的形成在界面处促进了光生载流子的分离和转移，使其复合率大大降低，这也是 15%-CeO_2/g-C_3N_4 复合材料光催化活性提高的原因。电化学阻抗谱也可用于分析光生载流子的分离情况。谱图中较小的半径说明复合材料中光生载流子复合率更低，传输更快。样品 CeO_2、g-C_3N_4 以及 15%-CeO_2/g-C_3N_4 的电化学阻抗谱如图 5.12 内插图所示。图中显示，复合材料 15%-CeO_2/g-C_3N_4 的半径相较于 CeO_2 和 g-C_3N_4 更小，表明该复合材料的电荷传输电阻更小，电荷传输更快，光生电子 - 空穴对的分离效率更高，这也与瞬态光电流响应测试结果以及 PL 光谱分析结果一致。

为了通过半导体的能带位置讨论复合材料 x-CeO_2/g-C_3N_4 光催化降解苯酚溶液的机理，我们利用式（3.3）和式（3.4），计算了 CeO_2 和 g-C_3N_4 的能带位置。公式中 CeO_2 和 g-C_3N_4 的电负性分别为 5.56eV[182] 和 4.67eV[209]。计算结果表明，CeO_2 和 g-C_3N_4 的价带和导带位置分别为 +2.57eV、+1.46eV 和 −0.45eV、−1.12eV。复合材料 x-CeO_2/g-C_3N_4 在可见光照射下，降解苯酚溶液时可能的电荷转移路径如图 5.13 所示。假设电荷的转移路径符合传统的Ⅱ型异质结结构，如图5.13（a）所示。根据确定的能带位置，与g-C_3N_4相比，CeO_2的导带、价带位置均更正，所以当CeO_2和g-C_3N_4在可见光照射下产生电子-空穴对后，位于g-C_3N_4导带的电子将向CeO_2的导带转移，而空穴将由CeO_2价带向g-C_3N_4价带汇聚，使光生电子-空穴对得到有效分离。然而，·OH/OH^-和·OH/H_2O的标准氧化还原电位分别是+1.99eV和+2.27eV（vs.NHE），g-C_3N_4价带的电位是1.46eV，根据g-C_3N_4的能带结构，其价带的电位比·OH/OH^-和·OH/H_2O的电位更负，因此，汇聚到其价带的空穴无法将H_2O或水中的OH^-氧化成·OH自由基，该结果与捕获剂的实验结果，即·OH是光催化降解过程中的主要活性物种相矛盾。

基于以上矛盾，采用Z型异质结结构分析电荷的转移路径，如图5.13（b）所示。在光催化的过程中，CeO_2导带中的电子倾向于与g-C_3N_4价带中的空穴发生复合，这样使CeO_2价带中的空穴与g-C_3N_4导带中的电子发生分离，同时还保留了氧化能力更强的CeO_2价带中的光生空穴以及还原能力更强的g-C_3N_4导带中的光生电子。这样，位于CeO_2价带中的光生空穴，可以与H_2O或水中的OH^-反应生成·OH；同时，位于g-C_3N_4导带中的电子与吸附在x-CeO_2/g-C_3N_4复合材料表面的O_2反应生成·O_2^-，这一结果与捕获剂实验结果一致。

另外，还可以根据能带结构推测Z型异质结的形成。g-C_3N_4和CeO_2均属于n型半导体，研究发现，对于n型半导体其费米能级靠近导带位置。根据确定的g-C_3N_4，CeO_2导带的位置可知，g-C_3N_4的费米能级高于CeO_2，二者通过紧密接触形成异质结时，为了达到费米能级的平衡，g-C_3N_4中的电子会通过界面转移至CeO_2一侧，由于电荷的移动，正电荷将在g-C_3N_4一侧的界面处会汇聚，而负电荷将在CeO_2一侧的界面处累积，这样由g-C_3N_4指向CeO_2的内建电场在二者的界面处形成，同时还在界面处形成带弯[210, 211]。费米能级达到平衡时，为阻止电子从g-C_3N_4转移到CeO_2，

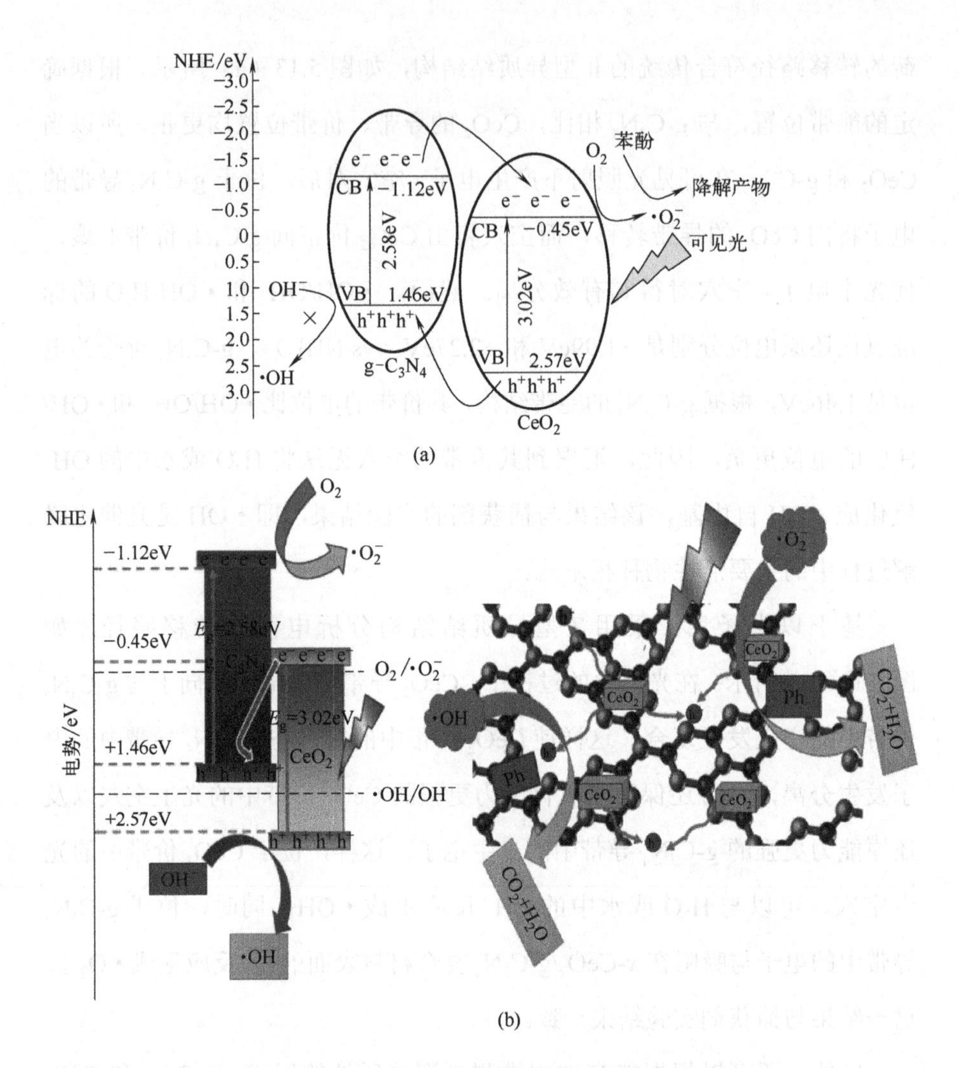

图 5.13　复合材料 x-CeO_2/g-C_3N_4 可见光下降解苯酚的可能机理

（a）Ⅱ型异质结；（b）Z 型异质结

g-C_3N_4 产生向上的带弯，而 CeO_2 产生向下的带弯。综上，由于内建电场的促进作用以及能带弯曲方向的阻碍作用，使得处于 CeO_2 导带的电子更倾向于转移到 g-C_3N_4 的价带从而形成 Z 型结构。因此，CeO_2 与 g-C_3N_4 之间的强相互作用形成了 Z 型异质结结构，促进了光生载流子的分离和转移，进一步增强了复合材料 x-CeO_2/g-C_3N_4 的光催化性能。Liu 等 [204] 制备的

核壳结构复合材料 $g-C_3N_4@CeO_2$ 降解有机污染物的效率仅为 19%。只有在降解过程中加入辅助剂 H_2O_2，其降解效率才大大提高，可达到 84%。Humayun 等 [212] 制备了传统Ⅱ型结构的 $CeO_2/g-C_3N_4$ 复合材料，将其用于酚类化合物的降解，其降解效率在 2 h 内仅达到 57%。Qiao 等 [211] 采用一步煅烧法合成的 $CeO_2/g-C_3N_4$ 复合材料虽然也具有 Z 型结构，但将其用于染料 MB 的降解，光照 4h 后，MB 的降解效率仅为 75%。与之对比可见，本书制备的直接 Z 型二元复合材料 $x-CeO_2/g-C_3N_4$ 在不加入任何辅助剂的条件下，对苯酚的降解效率可达 82.6%，这可能是由光催化剂的结构不同、电荷转移方式以及电荷迁移速率不同导致的。

5.5　小结

在本章中，采用溶剂热、浸渍法和煅烧法相结合的技术，制备了响应可见光的、直接 Z 型的异质结复合材料 $x-CeO_2/g-C_3N_4$。利用不同表征手段对复合材料 $x-CeO_2/g-C_3N_4$ 的形貌及结构进行了研究。利用对苯酚溶液的光催化降解性能考察了所制备样品的光催化活性，并依据自由基捕获实验及能带理论推测了复合材料 $x-CeO_2/g-C_3N_4$ 光催化活性增强的可能机理。得到如下实验结果。

① 复合材料 $CeO_2/g-C_3N_4$ 中，CeO_2 的形貌呈现规则的长方体形，$g-C_3N_4$ 呈现片层结构且片层结构堆叠形成中空的管状通道。CeO_2 与 $g-C_3N_4$ 的结合使复合材料 $x-CeO_2/g-C_3N_4$ 的可见光吸收范围变宽，PL 光谱的强度降低，瞬态光电流强度增大。

② 相较于 CeO_2 和 $g-C_3N_4$，复合材料 $x-CeO_2/g-C_3N_4$ 在可见光照射下降解苯酚的过程中，表现出增强的光催化活性，且降解过程符合准一级动力学模型。15%-$CeO_2/g-C_3N_4$ 样品对苯酚溶液的降解率最高，在 180min 内能达到 82.6%。同时，它具有较好的化学稳定性，在循环使用 4 次后仍然

保持相对较高的降解性能。

③ $\cdot O_2^-$ 和 $\cdot OH$ 是复合材料 x-CeO_2/g-C_3N_4 光催化降解苯酚溶液过程中的主要活性物种。光催化活性增强的可能机理是 CeO_2 和 g-C_3N_4 通过紧密接触形成了有效的 Z 型异质结。异质结的形成对 CeO_2 与 g-C_3N_4 界面处光生载流子的分离和转移起到了积极的促进作用，有效地提高了复合材料 x-CeO_2/g-C_3N_4 在可见光范围内的光催化活性。

参考文献

［1］ Lee K M，Lai C W，Ngai K S，et al. Recent developments of zinc oxide based photocatalyst in water treatment technology：A review ［J］. Water Research，2016，88（1）：428-448.

［2］ Satyanarayana K G，Mariano A B，Vargas J V C. A review on microalgae，a versatile source for sustainable energy and materials ［J］. International Journal of Energy Research，2015，35（4）：291-311.

［3］ Rafatullah M，Sulaiman O，Hashim R，et al. Adsorption of methylene blue on low-cost adsorbents：A review ［J］. Journal of Hazardous Materials，2010，177（1-3）：70-80.

［4］ 任南琪，周显娇，郭婉茜，等. 染料废水处理技术研究进展［J］. 化工学报，2013，64（01）：84-94.

［5］ Ghosh T，Ullah K，Nikam V，et al. The characteristic study and sonocatalytic performance of CdSe-graphene as catalyst in the degradation of azo dyes in aqueous solution under dark conditions ［J］. Ultrasonics Sonochemistry，2013，20（2）：768-776.

［6］ 唐嘉丽，岳秀，于广平，等. 含 PVA 废水处理技术研究现状及趋势［J］. 印染助剂，2019，36（03）：6-10.

［7］ Singh K，Arora S. Removal of synthetic textile dyes from wastewaters：A critical review on present treatment technologies ［J］. Critical Reviews in Environmental Science & Technology，2011，41（9）：807-878.

［8］ Munoz M，Garcia-Muñoz P，Pliego G，et al. Application of intensified fenton oxidation to the treatment of hospital wastewater：kinetics，ecotoxicity and disinfection［J］. Journal of Environmental Chemical Engineering，2016，4（4）：4107-4112.

［9］ Bajaj S，Singh D K. Biodegradation of persistent organic pollutants in soil，water and pristine sites by cold-adapted microorganisms：Mini review［J］. International Biodeterioration & Biodegradation，2015，100：98-105.

［10］ Fujishima A，Honda K. Electrochemical photolysis of water at a semiconductor electrode［J］. Nature，1972，238（5358）：37-38.

［11］ Carey J H，Lawrence J，Tosine H M. Photodechlorination of PCB’s in the presence of titanium dioxide in aqueous suspensions ［J］. Bulletin of Environmental Contamination & Toxicology，1976，16（6）：697-701.

［12］ Iwashina K，Iwase A，Ng Y H，et al. Z-schematic water splitting into H_2 and O_2 using metal sulfide as a hydrogen-evolving photocatalyst and reduced graphene oxide as a solid-state electron mediator ［J］. Journal of the American Chemical Society，2015，137（2）：604-607.

［13］ 高巍，张春英 . 纳米 CeO_2 中空球合成及在染料废水处理中的应用［J］. 粉末冶金工业，2019，29（01）：60-62.

［14］ 郭娜 . 核壳结构可见光催化剂的构建及其光催化性能研究 [D]. 长春：中国科学院大学（中国科学院东北地理与农业生态研究所），2018.

［15］ Chen S，Takata T，Domen K. Particulate photocatalysts for overall water splitting［J］. Nature Reviews Materials，2017，2：17050.

［16］ 张艳峰，王青丽，贾密英 . 氮修饰对 TiO_2 能带结构及光催化性能的影响［J］. 河北师范大学学报（自然科学版），2020，44（05）：416-421.

［17］ Park H，Kim H I，Moon G H，et al. Photoinduced charge transfer processes in solar photocatalysis based on modified TiO_2 ［J］. Energy & Environmental Science，2015，9（2）：411-433.

［18］ Liu Y，Wang Z，Huang W. Influences of TiO_2 phase structures on the structures and photocatalytic hydrogen production of CuO_x/TiO_2 photocatalysts［J］. Applied Surface Science，2016，389：760-767.

［19］ Chen J，Wu X J，Yin L，et al. One-pot synthesis of CdS nanocrystals hybridized with single-layer transition-metal dichalcogenide nanosheets for efficient photocatalytic hydrogen evolution［J］. Angewandte Chemie International Edition，2015，54（4）：1210-1214.

［20］ Shang L，Tong B，Yu H，et al. CdS nanoparticle-decorated Cd nanosheets for efficient visible light-driven photocatalytic hydrogen evolution［J］. Advanced Energy Materials，2015，6（3）：1501241.

［21］ Zhou P，Le Z，Xie Y，et al. Studies on facile synthesis and properties of mesoporous CdS/TiO_2 composite for photocatalysis applications［J］. Journal of Alloys & Compounds，2017，692：170-177.

［22］ 黄珍，李欢，胡海平，等. 碳包覆氮掺杂纳米ZnO光催化剂的制备及其可见光活性［J］. 功能材料，2020，51（10）：10122-10128.

［23］ Sa-Nguanprang S，Phuruangrat A，Thongtem T，et al. Characterization and photocatalysis of visible-light-driven Dy-doped ZnO nanoparticles synthesized by tartaric acid-assisted combustion method［J］. Inorganic Chemistry Communications，2020，117：107944.

［24］ Ceretta M B，Vieira Y，Wolski E A，et al. Biological degradation coupled to photocatalysis by ZnO/polypyrrole composite for the treatment of real textile wastewater［J］. Journal of Water Process Engineering，2020，35：101230.

［25］ Zhang J，Xin J，Shao C，et al. Direct Z-scheme heterostructure of p-$CuAl_2O_4$/n-Bi_2WO_6 composite nanofibers for efficient overall water splitting and photodegradation［J］. Journal of Colloid and Interface Science，2019，550：170-179.

[26] Sun S，Wang W，Jiang D，et al. Bi_2WO_6 quantum dot-intercalated ultrathin montmorillonite nanostructure and its enhanced photocatalytic performance [J]. Nano Research，2014，7：1497-1506.

[27] Liu X，Lu Q，Liu J. Electrospinning preparation of one-dimensional ZnO/Bi_2WO_6 heterostructured sub-microbelts with excellent photocatalytic performance [J]. Journal of Alloys and Compounds，2016，662：598-606.

[28] Sun J，Li X，Zhao Q，et al. Construction of p-n heterojunction β-Bi_2O_3/$BiVO_4$ nanocomposite with improved photoinduced charge transfer property and enhanced activity in degradation of ortho-dichlorobenzene [J]. Applied Catalysis B：Environmental，2017，219：259-268.

[29] 陈紫盈，孙洁，罗雪文，等. $BiVO_4$ 晶面生长调控及其光催化氧化罗丹明B和还原Cr（Ⅵ）的性能 [J]. 环境化学，2020，39（08）：2129-2136.

[30] Tu W，Zhou Y，Zou Z. Versatile graphene-promoting photocatalytic performance of semiconductors：basic principles，synthesis，solar energy conversion，and environmental applications [J]. Advanced Functional Materials，2013，23（40）：4996-5008.

[31] Jiang Y，Chowdhury S，Balasubramanian R. Efficient removal of bisphenol A and disinfection of waterborne pathogens by boron/nitrogen codoped graphene aerogels via the synergy of adsorption and photocatalysis under visible light [J]. Journal of Environmental Chemical Engineering，2020，8（5）：104300.

[32] Zhang S，Li B，Wang X，et al. Recent developments of two-dimensional graphene-based composites in visible-light photocatalysis for eliminating persistent organic pollutants from wastewater [J]. Chemical Engineering Journal，2020，390（15）：124642.

[33] 赵晓兵，张作松，李霞章，等. g-C_3N_4-CeO_2/ATP 复合材料的制备及可见光催化性能 [J]. 硅酸盐学报，2015，43（11）：1650-1655.

［34］Liu G，Wang H，Chen D，et al. Photodegradation performances and transformation mechanism of sulfamethoxazole with CeO_2/CN heterojunction as photocatalyst ［J］. Separation and Purification Technology，2019，237：116329.

［35］包海峰. 基于静电纺丝技术制备氧化铋基复合材料及其可见光催化性能研究 [D]. 长春：吉林大学，2019.

［36］Rožić L，Petrović S P，Lončarević D，et al. Influence of annealing temperature on structural，optical and photocatalytic properties of TiO_2-CeO_2 nanopowders ［J］. Ceramics International，2018，45：2361-2367.

［37］Yu L，Peng R，Chen L，et al. Ag supported on CeO_2 with different morphologies for the catalytic oxidation of HCHO ［J］. Chemical Engineering Journal，2018，334：2480-2487.

［38］杨春明. 铋系异质结光催化剂的可控制备及性能研究 [D]. 长春：吉林大学，2019.

［39］Xu Y，Schoonen M A A. The absolute energy positions of conduction and valence bands of selected semiconducting minerals ［J］. American Mineralogist，2000，85（3-4）：543-556.

［40］Sun Y，Zhou J，Cai W，et al. Hierarchically porous NiAl-LDH nanoparticles as highly efficient adsorbent for p-nitrophenol from water ［J］. Applied Surface Science，2015，349（15）：897-903.

［41］刘俊逸，吴田，李杰，等. 高性能炭材料深度净化含酚废水研究进展［J］. 工业水处理，2020，40（01）：8-12+17.

［42］Martínez-Huitle C A，Ferro S. Electrochemical oxidation of organic pollutants for the wastewater treatment：direct and indirect processes ［J］. Chemical Society Reviews，2006，35：1324-1340.

［43］Basheer C，Obbard J P，Lee H K. Analysis of persistent organic pollutants in marine sediments using a novel microwave assisted solvent extraction and liquid-phase microextraction technique［J］. Journal of Chromatography A，2005，1068（2）：221-228.

［44］ Lin S H，Wang C H. Adsorption and catalytic oxidation of phenol in a new ozone reactor［J］. Environmental Technology Letters，2003，24（8）：1031-1039.

［45］ 勾明雷，段欣瑞，袁云霞，等 . TiO_2-GO 复合光催化剂的制备及其对硝基酚类污染物的降解性能［J］. 化工新型材料，2019，47（11）：111-114.

［46］ Mu Y，Ai Z，Zhang L. Phosphate shifted oxygen reduction pathway on Fe@Fe_2O_3 core-shell nanowires for enhanced reactive oxygen species generation and aerobic 4-chlorophenol degradation［J］. Environmental Science & Technology，2017，51（14）：8101-8109.

［47］ 孟国祥，田晓霞，张家瑞，等 . 施主掺杂对 $BaTiO_3$ 钙钛矿半导体纳米晶光催化性能的影响［J］. 无机化学学报，2019，35（08）：1387-1395.

［48］ Lara-López Y，García-Rosales G，Jiménez-Becerril J，et al. Synthesis and characterization of carbon-TiO_2-CeO_2 composites and their applications in phenol degradation［J］. Journal of Rare Earths，2017，35：551-558.

［49］ Wang Y，Zhao J，Xiong X，et al. Role of Ni^{2+} ions in TiO_2 and Pt/TiO_2 photocatalysis for phenol degradation in aqueous suspensions［J］. Applied Catalysis B：Environmental，2019，258：117903.

［50］ Wang X，Wang F，Chen B，et al. Promotion of phenol photodecomposition and the corresponding decomposition mechanism over g-C_3N_4/TiO_2 nanocomposites［J］. Applied Surface Science，2018，453：320-329.

［51］ Hao C，Li J，Zhang Z，et al. Enhancement of photocatalytic properties of TiO_2 nanoparticles doped with CeO_2 and supported on SiO_2 for phenol degradation［J］. Applied Surface Science，2015，331：17-26.

［52］ Meng J，Wang X，Liu Y，et al. Acid-induced molecule self-assembly synthesis of Z-scheme $WO_3/g-C_3N_4$ heterojunctions for robust photocatalysis against phenolic pollutants［J］. Chemical Engineering Journal，2020，403：126354.

［53］Li Z，Meng X. New Insight into reactive oxidation species （ROS） for bismuth-based photocatalysis in phenol removal［J］. Journal of Hazardous Materials，2020，399：122939.

［54］于艳，徐珊，郭晋邑，等. 氧化石墨烯/ZnO 光催化剂制备及其降解抗生素性能［J］. 分析科学学报，2021，37（01）：46-50.

［55］霍朝晖，杨晓珊，陈晓丽，等. 纳米银/二维石墨相氮化碳/还原氧化石墨烯复合材料的制备及其光催化降解抗生素［J］. 应用化学，2020，37（04）：471-480.

［56］Yu Y，Yan L，Cheng J，et al. Mechanistic insights into TiO_2 thickness in Fe_3O_4@TiO_2-GO composites for enrofloxacin photodegradation［J］. Chemical Engineering Journal，2017，325：647-654.

［57］Chen X，Zhou J，Zhang T，et al. Enhanced degradation of tetracycline hydrochloride using photocatalysis and sulfate radical-based oxidation processes by Co/$BiVO_4$ composites［J］. Journal of Water Process Engineering，2019，32：100918.

［58］俞岚，王娟，王长智，等. 微球 TiO_2/沸石催化剂的制备及其对氧氟沙星的降解［J］. 工业水处理，2021，41（01）：88-92.

［59］Jiang X，Lai S，Xu W，et al. Novel ternary BiOI/$g-C_3N_4/CeO_2$ catalysts for enhanced photocatalytic degradation of tetracycline under visible-light radiation via double charge transfer process［J］. Journal of Alloys and Compounds，2019，809：151804.

［60］Yu Y，Wu K，Xu W，et al. Adsorption-photocatalysis synergistic removal of contaminants under antibiotic and Cr（Ⅵ） coexistence environment using non-metal g-C_3N_4 based nanomaterial obtained by supramolecular self-assembly method [J]. Journal of Hazardous Materials，2021，404：124171.

[61] Lei J，Chen B，Zhou L，et al. Efficient degradation of antibiotics in different water matrices through the photocatalysis of inverse opal K-g-C_3N_4：insights into mechanism and assessment of antibacterial activity [J]. Chemical Engineering Journal，2020，400：125902.

[62] 谢艳新，刘海娟，尚磊，等. 染料废水处理最新研究进展 [J]. 印染助剂，2020，37（07）：11-16.

[63] Xue Y，Chang Q，Hu X，et al. A simple strategy for selective photocatalysis degradation of organic dyes through selective adsorption enrichment by using a complex film of CdS and carboxylmethyl starch [J]. Journal of Environmental Management，2020，274：111184.

[64] Singh J，Rishikesh，Kumar S，et al. Synthesis of 3D-MoS_2 nanoflowers with tunable surface area for the application in photocatalysis and SERS based sensing [J]. Journal of Alloys and Compounds，2020，849：156502.

[65] Chen F，Li S，Chen Q，et al. 3D graphene aerogels-supported Ag and Ag@Ag_3PO_4 heterostructure for the efficient adsorption-photocatalysis capture of different dye pollutants in water [J]. Materials Research Bulletin，2018，105：334-341.

[66] Phuruangrat A，Thongtem S，Thongtem T. Microwave-assisted hydrothermal synthesis and characterization of CeO_2 nanowires for using as a photocatalytic material [J]. Materials Letters，2017，196：61-63.

[67] Arul N S，Mangalaraj D，Kim T W. Photocatalytic degradation mechanisms of self-assembled rose-flower-like CeO_2 hierarchical nanostructures [J]. Applied Physics Letters，2013，102（22）：223115.

[68] Ji X，Lu J F，Wang Q，et al. Impurity doping approach on bandgap narrow-

ing and improved photocatalysis of $Ca_2Bi_2O_5$［J］. Powder Technology，2020，376：708-723.

［69］黄文艺，吕晓威，谭嘉麟，等. 镧掺杂氧化锌的制备及其降解染料废水研究［J］. 应用化工，2019，48（06）：1279-1282+1286.

［70］Wen X J，Niu C G，Ruan M，et al. AgI nanoparticles-decorated CeO_2 microsheets photocatalyst for the degradation of organic dye and tetracycline under visible-light irradiation［J］. Journal of Colloid & Interface Science，2017，497：368-377.

［71］田志茗，王元春. Co_3O_4/CeO_2 复合氧化物的制备及染料废水处理性能［J］. 应用化工，2019，48（08）：1869-1873.

［72］Ghorai K，Panda A，Bhattacharjee M，et al. Facile synthesis of $CuCr_2O_4/CeO_2$ nanocomposite：A new Fenton like catalyst with domestic LED light assisted improved photocatalytic activity for the degradation of RhB，MB and MO dyes［J］. Applied Surface Science，2020，536：147604.

［73］Li J，Yu X，Zhu Y，et al. 3D-2D-3D BiOI/porous $g\text{-}C_3N_4$/graphene hydrogel composite photocatalyst with synergy of adsorption-photocatalysis in static and flow systems［J］. Journal of Alloys and Compounds，2020，850：156778.

［74］Zhong K，Feng J，Gao H，et al. Fabrication of $BiVO_4@g\text{-}C_3N_4$（100）heterojunction with enhanced photocatalytic visible-light-driven activity［J］. Journal of Solid State Chemistry，2019，274：142-151.

［75］Xu J，Wang W，Wang J，et al. Controlled fabrication and enhanced photocatalytic performance of $BiVO_4@CeO_2$ hollow microspheres for the visible-light-driven degradation of rhodamine B［J］. Applied Surface Science，2015，349：529-537.

［76］张健. n 型铋系氧化物 /p 型铝酸铜异质结纳米纤维的设计及其光催化性能研究 [D]. 长春：东北师范大学，2019.

［77］ Liu Y，Zhu G，Gao J Z，et al. A novel $CeO_2/Bi_4Ti_3O_{12}$ composite heterojunction structure with an enhanced photocatalytic activity for bisphenol A［J］. Journal of Alloys & Compounds，2016，688：487-496.

［78］ Li C，Li X，Liu L，et al. Synthesis of novel 2D ceria nanoflakes with enhanced catalytic activity induced by cobalt doping［J］. Materials Letters，2018，230：80-83.

［79］ Tiwari S，Khatun N，Patra N，et al. Role of oxygen vacancies in Co/Ni substituted CeO_2：a comparative study［J］. Ceramics International，2019，45（3）：3823-3832.

［80］ 丁永萍，刘旭东，武天风，等 . $CeO_2/BiVO_4$ 复合可见光催化剂的制备及其催化性能的研究［J］. 中国稀土学报，2020，38（1）：21-30.

［81］ Choudhury B，Choudhury A. Ce^{3+} and oxygen vacancy mediated tuning of structural and optical properties of CeO_2 nanoparticles［J］. Materials Chemistry & Physics，2012，131（3）：666-671.

［82］ Boningari T，Somogyvari A，Smirniotis P G. Ce-based catalysts for the selective catalytic reduction of NO_x in the presence of excess oxygen and simulated diesel engine exhaust conditions［J］. Industrial & Engineering Chemistry Research，2017，56（19）：5483-5494.

［83］ Mittal M，Gupta A，Pandey O P，et al. Role of oxygen vacancies in Ag/Au doped CeO_2 nanoparticles for fast photocatalysis［J］. Solar Energy，2018，165：206-216.

［84］ Mogensen M，Sammes N M，Tompsett G A. Physical，chemical and electrochemical properties of pure and doped ceria［J］. Solid State Ionics，2000，129（1-4）：63-94.

［85］ 胡丰献，戴勇，郁桂云 . 二氧化铈 / 钼酸铋复合光催化剂的制备及光催化性能［J］. 无机化学学报，2019，35（03）：433-441.

［86］ 田龙，龙艳，宋术岩，等．花状结构 Mn/CuO-CeO_2 的合成及对 CO 氧化反应的催化性能［J］．高等学校化学学报，2019，40（12）：2549-2555.

［87］ Yang X，Zhang Y，Wang Y，et al. Hollow β-Bi_2O_3@CeO_2 heterostructure microsphere with controllable crystal phase for efficient photocatalysis［J］. Chemical Engineering Journal，2020，387：124100.

［88］ Ma X，Lu P，Wu P. Effect of structure distortion and oxygen vacancy on ferromagnetism in hydrothermally synthesized CeO_2 with isovalent Zr^{4+} doping［J］. Ceramics International，2018，44：15989-15994.

［89］ Li J，Wang C，Zhu X，et al. Synthesis of hierarchical CeO_2 octahedrons with tunable size and the catalytic properties［J］. Materials Letters，2019，240：73-76.

［90］ Zhang Y，Li Z，Zhang L，et al. Role of oxygen vacancies in photocatalytic water oxidation on ceria oxide：Experiment and DFT studies［J］. Applied Catalysis B：Environmental，2018，224：101-108.

［91］ 燕萍，胡筱敏，祁阳．Sm-Gd 掺杂 CeO_2 基纳米粉体的制备［J］．东北大学学报（自然科学版），2009，30（12）：1759-1762.

［92］ Madkour M，Ali A A，Nazeer A A，et al. A novel natural sunlight active photocatalyst of CdS/SWCNT/CeO_2 heterostructure：In depth mechanistic insights for the catalyst reactivity and dye mineralization［J］. Applied Surface Science，2019，499：143988.

［93］ 田志茗，勾金玲，黄伟．纳米 CeO_2 粒子光催化降解亚甲基蓝的研究［J］．印染助剂，2016，33（05）：21-24.

［94］ Alzamly A，Bakiro M，Ahmed S H，et al. Investigation of the band gap and photocatalytic properties of CeO_2/rGO composites［J］. Molecular Catalysis，2020，486：110874.

［95］ Nadjia L，Abdelkader E，Naceur B，et al. CeO_2 nanoscale particles：Synthesis，characterization and photocatalytic activity under UVA light irradiation ［J］. Journal of Rare Earths，2018，36：575-587.

［96］ 陈子坚，王石语，吴限. 微波辅助法合成纳米 CeO_2/ZnO 光催化剂及其光催化性能研究［J］. 化工新型材料，2019，47（07）：190-193.

［97］ Yu H，Fan H，Wang J，et al. Microwave synthesis of the flower-like ZnO microstructures and their photocatalytic property［J］. Optoelectronics & Advanced Materials Rapid Communications，2015，9（5）：636-640.

［98］ Chen Y C，Lo S L，Ou H H，et al. Photocatalytic oxidation of ammonia by cadmium sulfide/titanate nanotubes synthesised by microwave hydrothermal method［J］. Water Science & Technology A. Journal of the International Association on Water Pollution Research，2011，63（3）：550-556.

［99］ Alhumaimess M，Aldosari O，Alshammari H，et al. Ionic liquid green synthesis of CeO_2 nanorods and nano-cubes：Investigation of the shape dependent on catalytic performance［J］. Journal of Molecular Liquids，2019，279：649-656.

［100］ Deus R C，Cilense M，Foschini C R，et al. Influence of mineralizer agents on the growth of crystalline CeO_2 nanospheres by the microwave-hydrothermal method［J］. Journal of Alloys & Compounds，2013，550：245-251.

［101］ Tao Y，Wang H，Xia Y，et al. Preparation of shape-controlled CeO_2 nanocrystals via microwave-assisted method［J］. Materials Chemistry and Physics，2010，124：541-546.

［102］ Alla S K，Kollu P，Mandal R K，et al. Magnetic properties of Cu doped CeO_2 nanostructures prepared by microwave refluxing technique［J］. Ceramics International，2018，44：7221-7227.

［103］ 赵丹，梁飞雪，封瑞江，等. 不同形貌 CeO_2 的制备及光催化性能研究［J］.

现代化工，2020，40（S1）：203-206.

［104］冯雅楠，甘俊珍，陈星晖，等 . 形貌和粒度对纳米二氧化铈光催化降解盐基品红的研究［J］. 应用化工，2019，48（01）：14-17.

［105］Phuruangrat A，Thongtem T，Thongtem S. Effect of NaOH on morphologies and photocatalytic activities of CeO_2 synthesized by microwave-assisted hydrothermal method［J］. Materials Letters，2017，193：161-164.

［106］Yang X，Liu Y，Li J，et al. Effects of calcination temperature on morphology and structure of CeO_2 nanofibers and their photocatalytic activity［J］. Materials Letters，2019，241：76-79.

［107］Zhou K，Wang X，Sun X，et al. Enhanced catalytic activity of ceria nanorods from well-defined reactive crystal planes［J］. Journal of Catalysis，2005，229（1）：206-212.

［108］Dong B，Li L，Dong Z，et al. Fabrication of CeO_2 nanorods for enhanced solar photocatalysts［J］. International Journal of Hydrogen Energy，2018，43：5275-5282.

［109］Qi Y，Ye J，Zhang S，et al. Controllable synthesis of transition metal ion-doped CeO_2 micro/nanostructures for improving photocatalytic performance［J］. Journal of Alloys & Compounds，2019，782：780-788.

［110］Liyanage A D，Perera S D，Tan K，et al. Synthesis，characterization，and photocatalytic activity of Y-doped CeO_2 nanorods［J］. ACS Catalysis，2014，4：577-584.

［111］Singh K，Kumar K，Srivastava S，et al. Effect of rare-earth doping in CeO_2 matrix：Correlations with structure，catalytic and visible light photocatalytic properties［J］. Ceramics International，2017，43（18）：17041-17047.

［112］李龙飞，杜芳林 . WO_3/g-C_3N_4 异质光催化剂的合成及其对染料废水的降解［J］. 青岛科技大学学报（自然科学版），2020，41（02）：35-42.

［113］ 乔玉洁，张新欣，薛芒，等．片状 $BiOCl/Bi_2MoO_6$ 光催化剂的制备及其增强的可见光光催化性能［J］．大连工业大学学报，2018，37（06）：453-456.

［114］ Li C J，Zhang P，Lv R，et al. Selective deposition of Ag_3PO_4 on monoclinic $BiVO_4$（040）for highly efficient photocatalysis［J］. Small，2013，9（23）：3951-3956.

［115］ Chen L，Meng D，Wu X，et al. In situ synthesis of V^{4+} and Ce^{3+} self-doped $BiVO_4/CeO_2$ heterostructured nanocomposites with high surface areas and enhanced visible light photocatalytic activity［J］. The Journal of Physical Chemistry C，2016，120（33）：18548-18559.

［116］ 秦雷，许海峰．CeO_2/TiO_2 异质结纳米花的制备及光催化性能研究［J］．人工晶体学报，2017，46（06）：1112-1116.

［117］ Ye K，Li Y，Yang H，et al. An ultrathin carbon layer activated CeO_2 heterojunction nanorods for photocatalytic degradation of organic pollutants［J］. Applied Catalysis B：Environmental，2019，259：118085.

［118］ Yang J，Liang Y，Li K，et al. One-step low-temperature synthesis of 0D CeO_2 quantum dots/2D BiOX（X = Cl，Br）nanoplates heterojunctions for highly boosting photo-oxidation and reduction ability［J］. Applied Catalysis B：Environmental，2019，250：17-30.

［119］ Saravanakumar K，Muthupoongodi S，Muthuraj V. A novel n-CeO_2/n-CdO heterojunction nanocomposite for enhanced photodegradation of organic pollutants under visible light irradiation［J］. Journal of Rare Earths，2019，37（8）：853-860.

［120］ Kraut E A，Grant R W，Waldrop J R，et al. Precise determination of the valence-band edge in X-ray photoemission spectra：application to measurement of semiconductor interface potentials［J］. Physical Review Letters，1980，

44（24）：1620-1623.

［121］ 李纪 . $Cu_2ZnSnSe_4$ 薄膜太阳能电池的制备及其 p-n 结能带偏移的研究 [D]. 合肥：中国技术大学，2012.

［122］ Liu L，Yang W，Sun W，et al. Creation of $Cu_2O@TiO_2$ composite photocatalysts with p-n heterojunctions formed on exposed Cu_2O facets，their energy band alignment study，and their enhanced photocatalytic activity under illumination with visible light［J］. ACS Applied Materials & Interfaces，2015，7（3）：1465-1476.

［123］ Peng Y，Yan M，Chen Q G，et al. Novel one-dimensional Bi_2O_3-Bi_2WO_6 p-n hierarchical heterojunction with enhanced photocatalytic activity［J］. Journal of Materials Chemistry A，2014，2（22）：8517-8524.

［124］ Cao J，Xu B，Lin H S，et al. Highly improved visible light photocatalytic activity of $BiPO_4$ through fabricating a novel p-n heterojunction BiOI/$BiPO_4$ nanocomposite［J］. Chemical Engineering Journal，2013，228：482-488.

［125］ 曹亚亚，黄少斌，尹佳芝 . 不同煅烧温度制备的 n-p 型 CeO_2/BiOBr 光催化性能研究［J］. 分子催化，2016，30（02）：159-168.

［126］ Song H，Wu R，Yang J，et al. Fabrication of CeO_2 nanoparticles decorated three-dimensional flower-like BiOI composites to build p-n heterojunction with highly enhanced visible-light photocatalytic performance［J］. Journal of Colloid and Interface Science，2018，512：325-334.

［127］ Sabzehmeidani M M，Karimi H，Ghaedi M. Visible light-induced photo-degradation of methylene blue by n-p heterojunction CeO_2/CuS composite based on ribbon-like CeO_2 nanofibers via electrospinning［J］. Polyhedron，2019，170：160-171.

［128］ Hu S，Zhou F，Wang L，et al. Preparation of Cu_2O/CeO_2 heterojunction photocatalyst for the degradation of Acid Orange 7 under visible light irradiation［J］. Catalysis Communications，2011，12（9）：794-797.

［129］ Bharathi P，Harish S，Archana J，et al. Enhanced charge transfer and separation of hierarchical CuO/ZnO composites：The synergistic effect of photocatalysis for the mineralization of organic pollutant in water［J］. Applied Surface Science，2019，484（1）：884-891.

［130］ Dursun S，Koyuncu S N，Kaya I C，et al. Production of CuO-WO_3 hybrids and their dye removal capacity/performance from wastewater by adsorption/photocatalysis［J］. Journal of Water Process Engineering，2020，36：101390.

［131］ Kadi M W，Mohamed R M，Ismail A A. Uniform dispersion of CuO nanoparticles on mesoporous TiO_2 networks promotes visible light photocatalysis［J］. Ceramics International，2020，46：8819-8826.

［132］ Yu J，Wang S，Low J，et al. Enhanced photocatalytic performance of direct Z-scheme g-C_3N_4-TiO_2 photocatalysts for the decomposition of formaldehyde in air［J］. Physical Chemistry Chemical Physics，2013，15（39）：16883-16890.

［133］ Gao Y，Liu S，Wang Y，et al. Fabrication of nitrogen defect mediated direct Z scheme g-C_3N_x/Bi_2WO_6 hybrid with enhanced photocatalytic properties［J］. Journal of Colloid and Interface Science，2020，579：177-185.

［134］ Zhao W，Li J，She T，et al. Study on the photocatalysis mechanism of the Z-scheme cobalt oxide nanocubes/carbon nitride nanosheets heterojunction photocatalyst with high photocatalytic performances［J］. Journal of Hazardous Materials，2020，402：123839.

［135］ Qiang Z，Liu X，Li F，et al. Iodine doped Z-scheme $Bi_2O_2CO_3$/Bi_2WO_6 photocatalysts：Facile synthesis，efficient visible light photocatalysis，and photocatalytic mechanism [J]. Chemical Engineering Journal，2020，403：126327.

[136] Zhang M，Yao J，Arif M，et al. 0D/2D $CeO_2/ZnIn_2S_4$ Z-scheme heterojunction for visible-light-driven photocatalytic H_2 evolution [J]. Applied Surface Science，2020，526：145749.

[137] Shen C H，Wen X J，Fei Z H，et al. Novel Z-scheme $W_{18}O_{49}/CeO_2$ heterojunction for improved photocatalytic hydrogen evolution [J]. Journal of Colloid and Interface Science，2020，579：297-306.

[138] Wangkawong K，Phanichphant S，Tantraviwat D，et al. Photocatalytic efficiency improvement of Z-scheme CeO_2/BiOI heterostructure for RHB degradation and benzylamine oxidation under visible light irradiation [J]. Journal of the Taiwan Institute of Chemical Engineers，2020，108：55-63.

[139] Wang X，Maeda K，Thomas A，et al. A metal-free polymeric photocatalyst for hydrogen production from water under visible light [J]. Nature Materials，2009，8（1）：76-80.

[140] 殷楠，刘婵璐，张进. MoO_3/g-C_3N_4 复合材料的制备及光催化性能 [J]. 无机盐工业，2020，52（10）：161-165.

[141] 杜娟，王铮. 有机酸介导合成WO_3/g-C_3N_4及其光催化性能[J]. 工业水处理，2020，40（02）：87-91.

[142] 李家科，李文涛，刘欣. g-C_3N_4/$BiVO_4$ 复合光催化剂制备及其光催化性能研究 [J]. 功能材料，2020，51（06）：6067-6071.

[143] Bi X，Yu S，Liu E，et al. Construction of g-C_3N_4/TiO_2 nanotube arrays Z-scheme heterojunction to improve visible light catalytic activity [J]. Colloids and Surfaces A，2020，603：125193.

[144] Cui L，Ding X，Wang Y，et al. Facile preparation of Z-scheme WO_3/g-C_3N_4 composite photocatalyst with enhanced photocatalytic performance under visi-

ble light［J］. Applied Surface Science，2017，391：202-210.

［145］ Ding M，Zhou J，Yang H，et al. Synthesis of Z-scheme g-C_3N_4 nanosheets/Ag_3PO_4 photocatalysts with enhanced visible-light photocatalytic performance for the degradation of tetracycline and dye［J］. Chinese Chemical Letters，2020，31：71-76.

［146］ Zhao H，Zalfani M，Li C F，et al. Cascade electronic band structured zinc oxide/bismuth vanadate/three-dimensional ordered macroporous titanium dioxide ternary nanocomposites for enhanced visible light photocatalysis［J］. Journal of Colloid & Interface Science，2019，539：585-597.

［147］ Fang G，Li M，Shen H，et al. Enhanced photocatalytic characteristics and low selectivity of a novel Z-scheme TiO_2/g-C_3N_4/Bi_2WO_6 heterojunction under visible light［J］. Materials Science in Semiconductor Processing，2020，121：105374.

［148］ Yan Y，Yang H，Yi Z，et al. Design of ternary $CaTiO_3$/g-C_3N_4/AgBr Z-scheme heterostructured photocatalysts and their application for dye photodegradation［J］. Solid State Sciences，2020，100：106102.

［149］ Zhang D，Yang Z Z，Hao J Y，et al. Boosted charge transfer in dual Z-scheme $BiVO_4$@$ZnIn_2S_4$/$Bi_2Sn_2O_7$ heterojunctions：towards superior photocatalytic properties for organic pollutant degradation［J］.Chemosphere，2021，276：130226.

［150］ Chachvalvutikul A，Luangwanta T，Kaowphong S. Double Z-scheme $FeVO_4$/$Bi_4O_5Br_2$/BiOBr ternary heterojunction photocatalyst for simultaneous photocatalytic removal of hexavalent chromium and rhodamine B［J］. Journal of Colloid and Interface Science，2021，603：738-757.

［151］ Zhang Z，Shi H，Wu Q，et al. Hierarchical structure based on Au nanoparticles and porous CeO_2 nanorods：Enhanced activity for catalytic applications

[J]. Materials Letters，2019，242（1）：20-23.

[152] 王竹梅，朱晓玲，李月明，等. 片状和球状纳米 CeO_2 的可控制备及其光催化性能 [J]. 人工晶体学报，2017，46（08）：1559-1563+1586.

[153] Lu X，Zhai T，Cui H，et al. Redox cycles promoting photocatalytic hydrogen evolution of CeO_2 nanorods [J]. Journal of Materials Chemistry，2011，21（15）：5569-5572.

[154] Chen F，Cao Y，Jia D. Preparation and photocatalytic property of CeO_2 lamellar [J]. Applied Surface Science，2011，257（21）：9226-9231.

[155] Choudhary S，Sahu K，Bisht A，et al. Template-free and surfactant-free synthesis of CeO_2 nanodiscs with enhanced photocatalytic activity [J]. Applied Surface Science，2020，503：144102.

[156] Qian J，Xue Y，Ao Y，et al. Hydrothermal synthesis of $CeO_2/NaNbO_3$ composites with enhanced photocatalytic performance [J]. Chinese Journal of Catalysis，2018，39（4）：682-692.

[157] Zdravkovic J，Simovic B，Golubovic A，et al. Comparative study of CeO_2 nanopowders obtained by the hydrothermal method from various precursors [J]. Ceramics International，2014，41（2）：1970-1979.

[158] Santos A P B，Dantas T C M，Costa J A P，et al. Formation of CeO_2 nanotubes through different conditions of hydrothermal synthesis [J]. Surfaces and Interfaces，2020，21：100746.

[159] Carregosa J D C，Grilo J P F，Godoi G S，et al. Microwave-assisted hydrothermal synthesis of ceria（CeO_2）：Microstructure，sinterability and electrical properties [J]. Ceramics International，2020，46：23271-23275.

[160] Chen L，Deng D，Hu W，et al. A general and green approach to synthesize monodisperse ceria hollow spheres with enhanced photocatalytic activity [J]. RSC Advances，2015，5（98）：80158-80169.

［161］ Subramanyam K，Sreelekha N，Reddy D A，et al. Influence of transition metals co-doping on CeO_2 magnetic and photocatalytic activities［J］. Ceramics International，2020，46（4）：5086-5097.

［162］ 张淑娟，汪东远．微波辅助合成 $BiOBr/CeO_2$ 及其光催化性能［J］. 天津工业大学学报，2015，34（05）：27-31.

［163］ Mishra S，Soren S，Debnath A K，et al. Rapid microwave-hydrothermal synthesis of CeO_2 nanoparticles for simultaneous adsorption/photodegradation of organic dyes under visible light［J］. Optik，2018，169：125-136.

［164］ Hu J，Li J，Cui J，et al. Surface oxygen vacancies enriched FeOOH/Bi_2MoO_6 photocatalysis fenton synergy degradation of organic pollutants［J］. Journal of Hazardous Materials，2020（384）：121399.

［165］ Alghunaim N S，Alhusaiki-Alghamdi H M. Role of ZnO nanoparticles on the structural，optical and dielectric properties of PVP/PC blend［J］. Physica B Condensed Matter，2019，560：185-190.

［166］ Lei X F，Chen C，Li X，et al. Characterization and photocatalytic performance of La and C co-doped anatase TiO_2 for photocatalytic reduction of Cr（Ⅵ）［J］. Separation & Purification Technology，2016，161：8-15.

［167］ Lin S，Cui W，Liang Y，et al. Enhanced visible light photocatalytic activity by Cu_2O-coupled flower-like Bi_2WO_6 structures［J］. Applied Surface Science，2016，364（28）：505-515.

［168］ Li W，Feng X，Zhang Z，et al. A controllable surface etching strategy for well-defined spiny yolk@shell CuO@CeO_2 cubes and their catalytic performance boost［J］. Advanced Functional Materials，2018，28（49）：1802559.

［169］ Gao G，Shi J W，Liu C，et al. Mn/CeO_2 catalysts for SCR of NO_x with NH_3：comparative study on the effect of supports on low-temperature catalytic activity［J］. Applied Surface Science，2017，411：338-346.

［170］ Chen S，Li L，Hu W，et al. Anchoring high-concentration oxygen vacancies at interfaces of CeO_{2-x}/Cu toward enhanced activity for preferential CO oxidation［J］. ACS Applied Materials & Interfaces，2015，7：22999-23007.

［171］ Khan M M，Ansari S A，Ansari M O，et al. Biogenic fabrication of Au@CeO_2 nanocomposite with enhanced visible light activity［J］. Journal of Physical Chemistry C，2014，118（18）：9477-9484.

［172］ May Y A，Wang W W，Yan H，et al. Insights into facet-dependent reactivity of CuO-CeO_2 nanocubes and nanorods as catalysts for CO oxidation reaction［J］. Chinese Journal of Catalysis，2020，41（6）：1017-1027.

［173］ 李鹏鹏，苏复，顾正桂. CeO_2-Ag/AgBr复合微球的合成及光催化性能［J］. 材料工程，2020，48（09）：69-76.

［174］ Lei X F，Xue X X，Yang H. Preparation of UV-visible light responsive photocatalyst from titania-bearing blast furnace slag modified with $(NH_4)_2SO_4$［J］. Transactions of Nonferrous Metals Society of China，2012，22（7）：1771-1777.

［175］ Daud M，Hai A，Banat F，et al. A review on the recent advances，challenges and future aspect of layered double hydroxides（LDH）-containing hybrids as promising adsorbents for dyes removal［J］. Journal of Molecular Liquids，2019，288：110989.

［176］ 朱益洋，高昆，刘潇，等. LDO/CeO_2纳米复合材料的合成及性能研究［J］. 化工新型材料，2014，42（06）：81-83+98.

［177］ Harish B M，Rajeeva M P，Chaturmukha V S，et al. Influence of zinc on the structural and electrical properties of cerium oxide nanoparticles［J］. Materials Today，2018，5（1）：3070-3077.

［178］ 李秀萍，董航，李楚佳，等. 络合沉淀法制备高纯白色二氧化铈及其光

催化的研究［J］. 石油化工高等学校学报，2013，25（5）：15-18.

［179］Bakkiyaraj R，Bharath G，Ramsait K H，et al. Solution combustion synthesis and physico-chemical properties of ultrafine CeO_2 nanoparticles and their photocatalytic activity［J］. RSC Advances，2016，6：51238-51245.

［180］李红梅，傅敏，刘红艳，等. $BiFeO_3$-$Bi_{24}Fe_2O_{39}$ 复合物的制备及可见光催化性能研究［J］. 人工晶体学报，2015，44（01）：149-154.

［181］Malleshappa J，Nagabhushana H，Prasad B D，et al. Structural，photoluminescence and thermoluminescence properties of CeO_2 nanoparticles［J］. Optik-International Journal for Light and Electron Optics，2016，127（2）：855-861.

［182］Zou W，Deng B，Hu X，et al. Crystal-plane-dependent metal oxide-support interaction in CeO_2/g-C_3N_4 for photocatalytic hydrogen evolution［J］. Applied Catalysis B：Environmental，2018，238：111-118.

［183］管航敏，王庆年，孙虹，等. 超声一步制备 CeO_2/ 石墨烯复合材料及其高效光催化性能［J］. 内蒙古石油化工，2020，46（03）：1-4.

［184］武华乙，陈川，陈欢生，等. ZnO/CuO/CeO_2 异质结的构建及其光降解性能与抗菌性能［J］. 化学与生物工程，2020，37（04）：39-46.

［185］Zhang X，Li G，Tian R，et al. Monolithic porous CuO/CeO_2 nanorod composites prepared by dealloying for CO catalytic oxidation［J］. Journal of Alloys and Compounds，2020，826：154149.

［186］Avgouropoulos G，Ioannides T，Matralis H. Influence of the preparation method on the performance of CuO-CeO_2 catalysts for the selective oxidation of CO［J］. Applied Catalysis B：Environmental，2005，56（1-2）：87-93.

［187］Chen G，Xu Q，Yang Y，et al. Facile and mild strategy to construct mesoporous CeO_2-CuO nanorods with enhanced catalytic activity toward

CO oxidation［J］. ACS Applied Materials & Interfaces，2015：23538-23544.

［188］ Ma X，Lu P，Wu P. Optical and ferromagnetic properties of hydrothermally synthesized CeO_2/CuO nanocomposites［J］. Ceramics International，2018，44：5284-5290.

［189］ Wang N，Pan Y，Lu T，et al. A new ribbon-ignition method for fabricating p-CuO/n-CeO_2 heterojunction with enhanced photocatalytic activity［J］. Applied Surface Science，2017，403:699-706.

［190］ Hossain S T，Azeeva E，Zhang K，et al. A comparative study of CO oxidation over Cu-O-Ce solid solutions and CuO/CeO_2 nanorods catalysts［J］. Applied Surface Science，2018，455：132-143.

［191］ 沈家庭. 研制高效催化剂用于柴油车尾气碳烟颗粒燃烧：氧化铜催化材料的构效关系研究 [D]. 南昌：南昌大学，2019.

［192］ Wang J，Zhong L，Lu J，et al. A solvent-free method to rapidly synthesize CuO-CeO_2 catalysts to enhance their CO preferential oxidation：Effects of Cu loading and calcination temperature［J］. Molecular Catalysis，2017，443：241-252.

［193］ Cámara A L，Corberán V C，Martínez-Arias A，et al. Novel manganese-promoted inverse CeO_2/CuO catalyst：In situ characterization and activity for the water-gas shift reaction［J］. Catalysis Today，2020，339：24-31.

［194］ Alla S K，Devarakonda K K，Komarala E V P，et al. Ferromagnetic Fe-substituted cerium oxide nanorods：synthesis and characterization［J］. Materials & Design，2016，114：584-590.

［195］ Wang M，Shen M，Jin X，et al. Oxygen vacancy generation and stabilization in CeO_{2-x} by Cu-introduction with improved CO_2 photocatalytic reduction activity［J］. ACS Catalysis，2019，9：4573-4581.

［196］ Yulizar Y，Gunlazuardi J，Apriandanu D O B，et al. CuO-modified $CoTiO_3$ via catharanthus roseus extract：A novel nanocomposite with high photocatalytic activity［J］. Materials Letters，2020，277：128349.

［197］ 刘红艳，傅敏，李红梅，等 . g-C_3N_4的制备及可见光催化性能研究［J］. 功能材料，2015，46（22）：22022-22026.

［198］ Kumar S，Ahmed B，Singh A，et al. Experimental and theoretical investigations of unusual enhancement of room temperature ferromagnetism in nickel-cobalt codoped CeO_2 nanostructures［J］. Journal of Magnetism & Magnetic Materials，2018，465：756-761.

［199］ Kadi M W，Mohamed R M，Ismail A A，et al. Soft and hard templates assisted synthesis mesoporous CuO/g-C_3N_4 heterostructures for highly enhanced and accelerated Hg（Ⅱ）photoreduction under visible light［J］. Journal of Colloid and Interface Science，2020，580：223-233.

［200］ Zhao W，Li Y，Zhao P，et al. Insights into the photocatalysis mechanism of the novel 2D/3D Z-Scheme g-C_3N_4/SnS_2 heterojunction photocatalysts with excellent photocatalytic performances［J］. Journal of Hazardous Materials，2020，402：123711.

［201］ Hong Y，Li C，Zhang G，et al. Efficient and stable Nb_2O_5 modified g-C_3N_4 photocatalyst for removal of antibiotic pollutant［J］. Chemical Engineering Journal，2016，299：74-84.

［202］ Cao H，Yan H，Deng Y，et al. Synthesis of graphene with both high nitrogen content and high surface area by annealing composite of graphene oxide and g-C_3N_4［J］. Journal of the Iranian Chemical Society，2015，12（5）：807-814.

［203］ Fang S，Xia Y，Lv K，et al. Effect of carbon-dots modification on the structure and photocatalytic activity of g-C_3N_4［J］. Applied Catalysis B：Environmental，2016，185：225-232.

［204］ Liu W，Zhou J，Hu Z. Nano-sized g-C_3N_4 thin layer@CeO_2 sphere core-shell photocatalyst combined with H_2O_2 to degrade doxycycline in water under visible lightirradiation［J］. Separation and Purification Technology，2019，227：115665.

［205］ Liu C，Mao D，Pan J，et al. Fabrication of highly efficient heterostructured Ag-CeO_2/g-C_3N_4 hybrid photocatalyst with enhanced visible-light photocatalytic activity［J］. Journal of Rare Earths，2019，37（12）：1269-1278.

［206］ 汤春妮，刘恩周. g-C_3N_4/Ag/Ag_3PO_4 复合物的制备及其光催化性能［J］. 现代化工，2020，40（11）：144-149+154.

［207］ Li M，Zhang L，Wu M，et al. Mesostructured CeO_2/g-C_3N_4 nanocomposites：Remarkably enhanced photocatalytic activity for CO_2 reduction by mutual component activations［J］. Nano Energy，2016，19：145-155.

［208］ Nemykin V N，Galloni P，Floris B，et al. Metal-free and transition-metal tetraferrocenylporphyrins part 1：synthesis，characterization，electronic structure，and conformational flexibility of neutral compounds［J］. Dalton Transactions，2008，32（32）：4233-4246.

［209］ 孟亚楚，李育珍，张艾明，等. Bi_2MoO_6/g-C_3N_4 Z 型异质结的合成及其光催化性能的研究［J］. 太原理工大学学报，2020，51（02）：253-258.

［210］ Zhao W，She T，Zhang J，et al. A novel Z-scheme CeO_2/g-C_3N_4 heterojunction photocatalyst for degradation of Bisphenol A and hydrogen evolution and insight of the photocatalysis mechanism［J］. Journal of Materials Science and Technology，2021，85：18-29.

［211］ Qiao Q，Yang K，Ma L，et al. Facile in situ construction of mediator-free direct Z-scheme g-C_3N_4/CeO_2 heterojunctions with highly efficient photocatalytic activity［J］. Journal of Physics D：Applied Physics，2018，51（27）：275302.

［212］ Humayun M，Hu Z，Khan A，et al. Highly efficient degradation of 2,4-dichlorophenol over CeO_2/g-C_3N_4 composites under visible-light irradiation：Detailed reaction pathway and mechanism［J］. Journal of Hazardous Materials，2019，364：635-644.